GASTON DE SAPORTA

Sciences et Société

fondée par Alain Fuchs et Dominique Desjeux
et dirigée par Bruno Péquignot

Dernières parutions

Maxime NECHTSHEIN, *Aux origines de la croissance et du toujours plus. Une approche thermodynamique du devenir de nos sociétés*, 2023.

Mohamad SALHAB, Jean-Claude BEAUNE, Odette BARBERO (dir.), *Enquêtes en technosciences. Réflexions libanaises et françaises*, 2023.

Claudine SCHALCK et Raymonde GAGNON, *Quand déclencher l'accouchement, c'est confisquer la maternité aux femmes. Une analyse psychosociologique du travail des femmes*, 2022.

Jean ORSELLI, *Le mythe des morts prématurées dues à la pollution de l'air. L'exagération officielle des décès dus à la pollution de l'air, au tabac et à l'alcool*, 2022.

Olivier PLESKOFF, *Covid-19, Les avancées de la recherche*, 2022.

Clément MATHIEU, *Triste planète. Dégradations et pollutions : le XXIe siècle est mal parti*, 2021.

Claude ROUGIER, *Verdissement de la planète. L'arbre, la forêt et l'homme*, 2020.

Aurélien FOSSE-KITSAKIS, *L'essence du plaisir, Un essai pour définir la récompense artificielle*, 2020

Michel CARAËL, Philippe VAN DE PERRE, Etienne KARITA, Avec la collaboration de Philippe LEPAGE, *L'épidémie de sida occultée en Afrique centrale pendant la décennie 1980. L'évidence scientifique à l'épreuve de la politique*, 2020.

Aurélie CHONE, Isabel IRIBARREN, Marie PELE, Catherine REPUSSARD, Cédric SUEUR, *Les études animales sont-elles bonnes à penser ? Repenser les sciences, reconfigurer les disciplines*, 2020.

Jean-Charles Besson

Gaston de Saporta

Un paléontologue face aux changements climatiques

L'Harmattan

5-7, rue de l'Ecole-Polytechnique, 75005 Paris
http://www.editions-harmattan.fr
ISBN : 978-2-14-035389-5
EAN : 9782140353895

Introduction

De passage à Lisbonne, l'idée me vint de visiter le Musée Géologique de cette ville.

Or, à peine entré dans cet édifice, le premier fossile qui s'offrit à ma vue fut celui d'une plante tropicale ramené d'Islande, qui avait été décrit par Gaston de Saporta, éminent paléobotaniste de la seconde moitié du XIXe siècle.

Une plante tropicale en Islande !

Je m'interrogeais donc de savoir dans quelles affres de perplexité une telle découverte, qui n'était pas rare dans les régions septentrionales parcourues alors par diverses expéditions, avait pu plonger les scientifiques de cette époque. Quel était, en la matière, l'état des connaissances ? Que savait-on de la botanique, de la tectonique, de la sédimentologie, de l'atmosphère terrestre, des cycles planétaires ? Quelles étaient, dans ces domaines, les théories en vigueur ? Quelles conjectures avaient ainsi pu être élaborées ?

A l'heure où la question du changement climatique se fait toujours plus prégnante, il apparaît que la réalité des paléoclimats n'a cessé de hanter les réflexions des défricheurs de l'Histoire naturelle – tel Gaston de Saporta – qui, il y a plus d'un siècle, ont contribué à faire progresser les savoirs.

C'est un regard sur cette période, enrichi des apports ultérieurs, que nous tentons d'esquisser pour, outre ses insuffisances, en valoriser la fécondité.

Gaston de Saporta

Gaston de Saporta

« *Gaston de Saporta a été initié dès son enfance aux études d'histoire naturelle. Son père, un ancien officier, s'occupait d'insectes et surtout de papillons. Son grand-père maternel était Boyer de Fonscolombe, entomologiste habile qui a laissé des ouvrages appréciés ; il est mort en 1853, à l'âge de plus de quatre-vingts ans ; ce fut un des fondateurs de l'Académie d'Aix. L'arrière-grand-père s'adonnait à la minéralogie et avait une correspondance suivie avec l'abbé Haüy*[1]*. Ces trois naturalistes s'occupaient également de botanique, ils ont formé un herbier important. En outre ils eurent l'intelligence de réunir dans leurs parcs de Fonscolombe et du*

1. L'abbé René-Just Haüy (1743-1822) fut un minéralogiste fondateur de la cristallographie rationnelle, admis à l'Académie des sciences comme associé-botaniste.

Moulin-Blanc de nombreuses espèces et variétés d'arbres » (« Un naturaliste français – Le marquis de Saporta », Albert Gaudry, *Revue des Deux Mondes*, 1896).

Ainsi porté par une telle ascendance, Gaston de Saporta, né en 1823 à Saint-Zacharie (Var), ne pouvait nécessairement que se tourner vers l'observation de la nature. Ce qui n'était pas écrit, c'est qu'il allait marquer de son empreinte l'observation et la réflexion scientifique de son époque, en devenant un paléobotaniste de renom.

Gaston de Saporta se spécialisa dans l'étude des plantes fossiles, faisant paraître en 1860 dans le *Bulletin de la Société vaudoise des sciences naturelles* son premier travail résumant les résultats de ses études sur les plantes fossiles de Provence. À partir de 1862, il publie ses notes dans le *Bulletin de la Société géologique de France*, puis dans celui de la Société botanique de France et les *Annales des sciences physiques et naturelles*, qui retracent ses *Études sur la végétation du sud-est de la France à l'époque tertiaire*. Ses travaux et publications se succéderont de façon quasi-ininterrompue jusqu'à sa disparition en 1895.

Parmi celles-ci, on notera le grand intérêt porté, outre celui purement dévolu à la flore, à l'histoire du climat de la terre :

1867 : « Sur la température des temps géologiques » (*Annales des Sciences physiques et naturelles*),

1868 : « Sur la flore fossile des régions arctiques » (*Bulletin Société géologique de France*),

1874 : « Sur le climat présumé de l'époque quaternaire de l'Europe centrale d'après des indices tirés de l'observation des plantes » (Congrès international d'anthropologie et d'archéologie préhistorique, Stockholm),

1877 : « Les anciens climats de l'Europe et le développement de la végétation » (Congrès de l'Association française pour l'avancement des sciences, Le Havre),

1877 : « Sur le climat des environs de Paris à l'époque du Diluvium gris, à propos de la découverte du laurier dans les tufs quaternaires de La Celle » (Conférence à l'Association française pour l'Avancement des Sciences),

1881 : « Les temps quaternaires : l'extension des glaciers et les climats, les plantes, la population » (*Revue des Deux Mondes*),

1889 : « Les théories cosmogoniques et la période glaciaire » (*Revue des Deux Mondes*).

Ses travaux lui vaudront la reconnaissance de la communauté scientifique, comme en témoigne son appartenance à diverses sociétés savantes, parmi lesquelles figurent :

l'Académie des Sciences, membre correspondant (section de Botanique), 1876-1895, Darwin, dont les travaux étaient plutôt consacrés au règne animal, l'y rejoindra, en tant que membre correspondant de cette même section botanique, en 1878,

l'Académie des Sciences, Agriculture, Arts et Belles Lettres d'Aix-en-Provence, membre titulaire 1866, président, secrétaire perpétuel – « *Comme président de l'Académie de la ville d'Aix qui a produit tant d'hommes célèbres et qu'on a surnommée l'Athènes du Midi, Saporta a prononcé plusieurs discours où l'on trouve plus d'une page remarquable.* » (Albert Gaudry – *Revue des Deux Mondes*, 1896),

la Société botanique de France, membre, 1863 – communications notamment sur « la flore fossile des régions arctiques » (1868) et sur « les rapports de l'ancienne flore avec celle de la région provençale actuelle »,

la Société d'histoire naturelle de Toulouse, membre correspondant, 1868,

la Société géologique de France,

la Société linnéenne de Lyon,

la Société vaudoise de sciences naturelles,

l'Académie royale de Belgique, membre associé étranger.

Inspiré par les travaux du naturaliste Alcide Dessalines d'Orbigny (1802-1857), et afin d'en prolonger les apports, Gaston de Saporta participa à la création du Comité de paléontologie français.

UN PALÉOBOTANISTE

ELÉMENTS DE BOTANIQUE À L'ÉPOQUE DE GASTON DE SAPORTA

Les temps anciens

L'étude de l'anatomie des plantes, qui a engendré la botanique, remonte aux diverses civilisations antiques (indiennes, chinoises…). La discipline, considérée dans son sens utilitaire, a pu être rattachée à l'agriculture ou à la médecine.

. La médecine par les plantes ; la plus ancienne des médecines du monde

L'un des premiers traités de prescriptions médicales jamais découvert est un papyrus égyptien écrit à Thèbes, que l'on fait remonter à 1500 av. J.-C., il décrit des centaines de recettes à base de plantes.

L'histoire de la phytothérapie est ancienne. Employées depuis la plus haute Antiquité, les plantes médicinales sont citées dans les livres sacrés de Mésopotamie, de l'Inde, de la Chine, dans les écrits d'Hérodote, ainsi que dans la Bible.

Au fil du temps, les médecins de l'Antiquité constituent une pharmacopée (un recueil de remèdes) relativement développée.

Elle a été mentionnée dans divers écrits, tels celui (*De Materia Medica*) du médecin et botaniste grec, attaché aux légions de Néron, Dioscoride (40-90). Cet ouvrage, qui est le premier herbier illustré connu et dont la réputation traversa les siècles, recense plusieurs centaines de plantes réparties en aromatiques, alimentaires, médicinales et vénéneuses. On dit qu'il influença Galien (129-201), considéré avec

Hippocrate (460-377 av. J.-C.) comme un des fondateurs des grands principes de base sur lesquels repose la médecine actuelle.

Au fil du temps, les observations de médecins botanistes perses, byzantins, arabes et occidentaux contribueront à la conduite d'essais thérapeutiques.

Né dans l'actuel Ouzbékistan, Avicenne (Ibn Sina, 980-1037), s'inspirant de l'héritage aristotélicien, élèvera dans le monde médiéval la médecine au rang de discipline intellectuelle compatible avec le monothéisme. Dans son ouvrage *Canon de la médecine*, il décrit plus de six cents médicaments d'origine végétale.

A son tour, la Renaissance facilite la redécouverte des auteurs antiques. Leurs écrits sont complétés. Grâce au progrès de la navigation, les expéditions scientifiques porteront à la connaissance des Européens de nombreuses espèces de plantes, qui leur étaient, jusque-là, inconnues. Mais l'utilisation des plantes dans la pharmacopée est complexe. Elle peut être thérapeutique, magique voire tragique, car encore, faut-il en faire bon usage. Paracelse (Philippus Bombast von Hohenheim, 1493-1541) révèlera que la question essentielle est celle du dosage, en déclarant : « Tout est poison, rien n'est poison, c'est la dose qui fait le poison ».

. L'agriculture : « La botanique et l'agriculture se prêtent donc un secours mutuel : l'une est le principe de l'autre : celle-ci travaille pour rendre celle-là utile » (*La vie agricole sous l'Ancien Régime*, baron de Calonne).

La fin de la dernière période glaciaire, il y a un peu plus de dix mille ans, a favorisé le développement de l'agriculture, les chasseurs-cueilleurs devenant aussi éleveurs-cultivateurs. L'agriculture prit son essor au Moyen-Orient, puis sur les différents continents, développant des savoir-faire multiples.

Accumulant les connaissances sur les cycles biologiques des plantes, les êtres humains développent des techniques qui permettent de les exploiter et apprennent à modifier à leur profit les cycles naturels, tels la reproduction et la sélection des espèces.

Puis les premiers écrits sur le sujet apparaissent, dont certains nous sont parvenus. Comme l'*Histoire des plantes* de Théophraste (372-288 av. J.-C.), qui prit la tête de l'école aristotélicienne à la mort du maître et se consacra à l'étude des phénomènes influant sur la production végétale : pluie, neige, vents, exposition aux différents points cardinaux, eaux douces ou salées, types de terrain.

Dans son traité *De re rustica*, Caton l'Ancien (234-149 av. J.-C.), procède à un recensement de préceptes et d'observations, faits jour après jour, pouvant favoriser l'économie rurale. Ses conseils de culture de l'asperge, montrent que la pratique n'a pas varié depuis cette époque.

Mais l'ouvrage majeur de l'antiquité romaine sera le recueil (trente-sept livres) de Pline l'Ancien (23-79) *Historia naturalis*, qui est une encyclopédie des connaissances positives de son temps. Plusieurs livres sont consacrés aux savoir-faire de l'époque, qu'il s'agisse d'arboriculture, de viticulture et de différents types de végétaux non arborescents.

Un nouvel essor

A partir du XVIIe siècle, servies par une nouvelle approche scientifique ainsi que par la multiplication des voyages lointains, les connaissances botaniques connaîtront un développement spectaculaire, sous l'impulsion de pionniers, amateurs éclairés ou membres de sociétés savantes au parcours académique. Leurs réflexions portèrent sur les similitudes entre les plantes afin d'en établir des classements.

Sans prétendre à l'exhaustivité, nous citerons ceux qui ont été parmi les plus marquants par leurs apports dans les avancées de la discipline.

Charles de l'Ecluse (1526-1609) répartit les plantes suivant qu'elles soient bulbeuses, venimeuses, narcotiques, laiteuses, graminées, ombellifères (la disposition de leurs fleurs faisant une sorte de parasol), légumineuses…, les fleurs suivant qu'elles soient, odoriférantes, sans odeur ou puantes, distinguant aussi les arbres, arbrisseaux, sous-arbrisseaux ainsi que les champignons. Il passe pour un des premiers mycologues connus. Les Néerlandais lui doivent l'introduction de la tulipe aux Pays-Bas.

Nicolas-Claude Fabri de Peiresc (1580–1637), tout à la fois savant éclectique et amateur de génie, élargit le champ de connaissance botanique en acclimatant de nombreux végétaux venus d'horizons lointains.

John Ray (1627–1705) fut l'inspirateur par ses réflexions de classifications ultérieures qui ne soient pas conditionnées par l'aspect utilitaire des plantes.

Dans le même esprit, Joseph Pitton de Tournefort (1656-1708) déclara que dans la botanique il convenait de distinguer « *la connaissance des plantes et celle de leurs vertus* ». L'édition de ses *Eléments de Botanique* définit 8846 espèces regroupant 673 genres.

Michel Adanson (1727-1806) grand voyageur, fut l'auteur d'une nomenclature basée sur un grand nombre de végétaux, comportant 65 systèmes, eux-mêmes subdivisés en classes et genres.

Antoine de Jussieu (1686-1758) botaniste et médecin, devint professeur au Jardin du Roi (qui deviendra avec la Révolution française le Museum d'Histoire naturelle), poste qu'avait tenu Tournefort. Ayant consacré une partie de ses études aux plantes tropicales, il effectua la première description du caféier.

Antoine-Laurent de Jussieu (1748-1836) définit un nouvel ordonnancement basé sur la morphologie des plantes.

Augustin Pyrame de Candolle (1778-1841) fut un des fondateurs de la géographie botanique.

De grandes avancées

Au XVIIIe siècle, Carl von Linné (1707-1778), naturaliste suédois, organise la classification des plantes en vingt-quatre classes, divisées en ordres. Il préconise de nommer tous les êtres vivants par deux noms, celui du genre suivi du nom d'espèce (exemple : *Pinus maritima* pour le Pin maritime). La vingt-quatrième classe, la dernière de l'énumération car peu étudiée jusqu'à cette époque, est définie comme étant celle de plantes sans fleurs, les Cryptogames, qui « *continet vegetabilia quorum fructificationes oculis nostris se subtrahunt, et structure ab aliis diversa gaudent,* (soit : qui « *contient les végétaux dont les fruits sont cachés à nos yeux et jouissent d'une structure différente des autres* »). Il la subdivise en quatre ordres correspondant aux fougères, mousses, algues et champignons.

Robert Brown (1773-1858), botaniste écossais, développe, dans son ouvrage *Botanicarum facile princeps*, une classification des plantes, comportant, outre les Cryptogames, les Phanérogames (plantes à fleurs). Ces Phanérogames se subdivisant en Gymnospermes (plantes à ovules découvertes), illustrées notamment par les conifères, et Angiospermes (plantes à ovules enfermées dans un ovaire), qui portent des fleurs puis des fruits. Parmi celles-ci, Brown distingue les Angiospermes Monocotylédones et les Angiospermes Dicotylédones.

Les Monocotylédones, tels les palmiers, les bananiers ou les graminées (blé, orge, avoine…), sont des plantes qui ne produisent qu'une seule feuille (Monocotylédone) dans leur phase embryonnaire, à la différence des Dicotylédones qui en émettent deux. Leurs racines naissent de la base de la tige, sans pouvoir générer un système racinaire susceptible de développer un tronc porteur de nombreuses branches, contrairement aux Dicotylédones.

Pour sa part, Adrien de Jussieu (1797-1853) classe les végétaux en trois groupes : Phanérogames Monocotylédones, Phanérogames Dicotylédones et Cryptogames différenciant parmi ces dernières les Cryptogames vasculaires, telles les fougères, et les Cryptogames cellulaires, tels les champignons ou les algues.

Dans le même temps le développement de l'agronomie et de la physiologie végétale éclaire d'un jour nouveau la connaissance du monde des plantes. L'utilisation du microscope, dont la technique se perfectionne, permet de découvrir que la cellule est l'unité structurale et fonctionnelle des plantes et des animaux.

Théodore de Saussure (1767-1845) publie en 1804 ses *Recherches chimiques sur la végétation*, qui démontrent que tout le carbone des plantes provient de l'air et que l'eau du sol fournit une partie de l'oxygène. Il prouve aussi que l'azote contenu dans la plante provient du sol et non de l'air. Il reconnaît au terreau son pouvoir fertilisant par les sels minéraux, clarifiant les problèmes liés à la nutrition, tant en ce qui concerne le rôle des organes (feuilles, racines) que celui des constituants majeurs de l'architecture végétale. Saussure établit l'assimilation du gaz carbonique (CO^2 ou dioxyde de carbone) par les plantes, ainsi que le besoin d'eau, d'azote et de sels minéraux pour assurer leur croissance.

La physiologie végétale

Les avancées de la physiologie végétale permettront d'expliquer l'ascension de la sève brute dans les grands arbres, l'eau évaporée à la surface des feuilles étant immédiatement remplacée par celle qui provient des canaux à l'intérieur du système ramifié.

Alors qu'à la fin du XVIIIe siècle Antoine Lavoisier (1743-1794) avait mis en évidence le fait que la respiration humaine et animale était une combustion ($C + O^2 \dashrightarrow CO^2$), comparable à celle du charbon, donc consommatrice d'oxygène et productrice de gaz carbonique. Julius von Sachs (1832-1897) établit le fonctionnement respiratoire et photosynthétique des plantes, consommatrices de CO^2 et émettrices d'oxygène, démontrant que la synthèse de l'amidon provient de l'activité chlorophyllienne.

Car, dès 1816, la chlorophylle a été isolée. Ses pigments interviennent dans la photosynthèse pour intercepter l'énergie lumineuse, première étape dans la conversion de cette énergie en énergie chimique. Leurs spectres d'absorption du rayonnement lumineux sont responsables de la couleur verte des végétaux. L'assimilation chlorophyllienne est l'assimilation active du dioxyde de carbone par voie de photosynthèse au moyen de la chlorophylle. La décomposition de la matière organique, dont la croissance s'est ainsi développée, restitue le carbone à l'atmosphère, sauf si son enfouissement en permet la fossilisation.

La paléobotanique : une science émergente au XIXe siècle

La paléobotanique (étymologie grecque de *paléon* : ancien et *botanikos* : qui concerne les herbes, les plantes) est une discipline qui émerge en 1828 avec la parution de *Prodrome d'histoire des végétaux fossiles* et du premier tome de l'*Histoire des végétaux fossiles* d'Adolphe Brongniart (1801-1876), qui deviendra par la suite le premier président de la Société botanique de France.

Car enrichies des études effectuées les siècles précédents sur les végétaux, c'est au XIXe siècle que se consolident la botanique et la paléontologie. Cette dernière alimentant la géologie qui simultanément lui sert de support.

La paléobotanique, en osmose avec ces disciplines, comprend l'étude des fossiles de plantes terrestres et aquatiques. Elle permet de déduire le climat de l'époque, son évolution et son influence sur d'autres organismes.

Les fossiles

Les fossiles de plantes sont des restes d'individus, ou des traces, plus ou moins minéralisés d'un ancien organisme vivant ou de son activité passée, voire son simple moulage, conservés dans une roche sédimentaire par un procédé physico-chimique. L'absence de turbidité ou l'existence d'une atmosphère à faible taux d'oxygène sont de nature à favoriser la fossilisation. Dans le cas de transformation par métamorphisation (transformation minéralogique) de la roche hôte du fossile, celui-ci sera aussi métamorphisé.

Avec le temps, l'idée d'une filiation entre les espèces se fit jour. Une fois leur origine organique connue, ces objets minéraux acquirent le statut d'archives de l'histoire de la Terre. Ils posèrent initialement bien des questions quant à leur nature et leur origine, puis permirent de caractériser les strates successives et de les corréler à distance.

Mais plusieurs siècles d'étonnement et de questionnement auront été nécessaires pour en arriver à ce point.

L'antiquité nous enseigne que la découverte de fossiles a pu s'accompagner d'interprétations diverses, telle celle d'humérus de dinosaures, comparables dans la forme à ceux des êtres humains mais d'une taille supérieure, qui a pu générer le mythe de l'existence passée de géants.

Pline l'Ancien portera sur les fossiles un regard pouvant mêler réalité scientifique et image surnaturelle.

De longue date, la similitude entre certains minéraux et des organismes vivants ne cessa d'intriguer.

L'ouvrage *Discours admirables* de Bernard Palissy (1510-1590), un des précurseurs de la géologie, traite des fossiles. Basé sur son intuition, celui-ci affirma l'origine biologique des « *coquilles et poissons pétrifiés* ».

Niels Stensen (1638-1696), étudiant la proximité entre les dents de requins vivants et les « *pierres de langue* » (qui s'avéreront bien être des fossiles de requins), émit l'idée d'une modification intérieure de la composition du fossile sans transformation de son aspect extérieur.

Vers 1800, la définition du mot fossile se précise, et se restreint aux corps vivants altérés par leur long séjour dans la terre ou sous les eaux, mais dont la forme et l'organisme sont encore reconnaissables.

Les fossiles passent alors d'un statut de curiosités de la nature, recherchés pour leur qualité décorative, à un statut moderne d'objet scientifique.

Aujourd'hui, le registre fossile remonte environ à 3,5 milliards d'années, mais la quasi-totalité d'entre eux date de moins de 600 millions d'années. Leur répartition sur terre n'est pas homogène car les conditions qui ont présidé à leur constitution et leur permanence ont eu un caractère exceptionnel, la décomposition des organismes vivants étant la règle générale.

Les végétaux fossiles

Les progrès rapides et importants ont été réalisés dans les techniques d'observation et d'investigation. La connaissance des fossiles et de leur

Vue idéale de palmiers aquitaniens (« Les périodes végétales de l'époque tertiaire », publication dans laquelle Gaston de Saporta décrit la flore aquitanienne de Manosque).

processus de formation au cours des temps géologiques a réalisé ses plus grandes avancées à partir du dix-neuvième siècle, permettant dès cette époque de formuler des hypothèses sur leur chronologie.

Adolphe Brongniart affirme qu'aux différentes périodes de l'histoire des plantes, à l'image des découvertes effectuées concernant le règne animal, les plantes observées devenaient plus diverses et plus complexes. La symbiose constatée entre les deux règnes que constitue la pollinisation par les insectes, laissa suggérer que la diversité de l'un alimentait la diversité de l'autre.

C'est ainsi que Gaston de Saporta, « *frappé de la ressemblance avec certains végétaux vivants d'empreintes de Conifères et de Nymphéacées, les unes d'Aix, les autres de Manosque, qui étaient arrivées entre ses mains, se mit en rapport avec Adolphe Brongniart, pour lui signaler ces empreintes et lui offrir de se livrer sur ces gisements à des récoltes suivies, afin de lui envoyer les échantillons qu'il pourrait trouver. L'illustre fondateur de la paléontologie végétale, frappé de la sagacité des remarques qui lui étaient soumises, s'empressa d'encourager son correspondant à entreprendre l'exploration des riches gisements qu'il avait à sa portée, mais le poussa à en étudier lui-même la flore, en lui promettant l'aide de ses conseils. La tâche n'était certes pas sans attraits, mais elle était singulièrement ardue et la voie à parcourir était loin d'être frayée : les premiers jalons de l'étude des Dicotylédones fossiles venaient à peine d'être posés en Autriche par Unger et par M. C. d'Ettingshausen* » (R. Zeiller, Notice nécrologique – *Revue Générale des Sciences pures et appliquées* n°7, 15 avril 1895).

Dès cette époque, on cherche à comprendre les plantes anciennes pour ce qu'elles étaient. De cette contrainte biologique a émergé la reconstruction d'un véritable puzzle. Car une plante, quand elle se fossilise, est souvent fragmentée. Le tronc se trouve d'un côté, les racines de l'autre, les feuilles un peu plus loin… L'approche stratigraphique se contentait de numéroter des fossiles. L'approche biologique vise à en rassembler les pièces.

Dans ses premières publications, Gaston de Saporta détaille plus de 200 espèces identifiées dans la végétation du Sud-Est de la France à l'époque tertiaire.

« *Sa première étude sera l'inventaire des plantes du lac d'Aix à "l'époque de la formation des gypses". Dans des calcaires tendres, des marnes comparables à des mille-feuilles, se trouvent de nombreuses empreintes, ce qui suppose une sédimentation tranquille où les débris sont enfouis dans une vase très fine : feuilles, rameaux, pommes de pin, fruits plats avec des graines, traces de corolle* » (André Bailly, « Gaston de Saporta,1823-1895 », Comité Français d'Histoire de la Géologie – COFRHIGEO, séance du 3 mars 1993).

Il s'intéressera ensuite à d'autres flores fossiles, mettant en évidence les ressemblances entre des végétaux issus d'ères différentes, ainsi qu'entre ceux-ci et des plantes actuellement présentes dans la nature.

Mais ces longues périodes de continuité, voire de quasi-permanence pour certaines espèces, n'ont été, pour la plupart, que des étapes dans un processus de transformation de la vie végétale, de sa morphologie (mot dont Goethe, qui était un passionné de botanique, serait l'inventeur) et de son mode de reproduction.

Notons qu'à cette époque, c'est en observant des végétaux (des petits pois en l'occurrence) que Gregor Mendel (1822–1884) échafaude les lois de transmission des caractères héréditaires. Découverte effectuée, semble-t-il, dans la relative indifférence de ses contemporains.

Avançant dans la connaissance du monde végétal présent et passé, Wilhelm Hofmeister (1824- 1877), par ses travaux sur la fécondation des végétaux, principalement les conifères, établira une parenté entre les Cryptogames et les Phanérogames. L'évolution, physiologique et anatomique, des plantes traduisant une complexité croissante, permet d'établir, entre elles, l'existence d'une hiérarchie et d'une chronologie d'apparition.

« *L'étude des plantes dans les temps géologiques révèle un développement progressif. L'ère primaire a vu le règne des cryptogames, c'est-à-dire des plantes où les organes de fécondation ne sont pas apparents. L'ère secondaire a été caractérisée par les phanérogames gymnospermes, chez lesquels, ainsi que leur nom l'indique, les organes de fécondation sont visibles, mais à nu, sans enveloppes florales ; à nu sont aussi leurs graines ; elles ne sont pas enfermées par des carpelles qui constituent des fruits. Enfin dans l'ère tertiaire se multiplient les angiospermes ; leurs graines sont protégées dans des fruits délicieux : autour de leurs étamines et de leurs pistils se développent des pétales qui ont de magnifiques couleurs.* » (Albert Gaudry – « Un naturaliste français : le marquis de Saporta », *Revue des Deux Mondes*, 1896).

Mais ces différents types de végétaux ne préexistaient-ils pas tous dès le commencement ? Et si des transformations se sont produites, ont-elles été brutales ou graduelles ? Et dans un cas comme dans l'autre quel en a été le moteur, si toutefois l'existence d'un tel moteur a pu être nécessaire ?

Considérations sur le « Passé de la Terre »

Le Créationnisme

« *Que la terre produise l'herbe, la plante qui porte sa semence, et que, sur la terre, l'arbre à fruit donne, selon son espèce, le fruit qui porte sa semence. Et ce fut ainsi.* » (La Bible – *Genèse* 1, 11)

Longtemps une interprétation littérale des textes anciens a conduit à considérer la Terre comme étant figée depuis le début de son existence. Mais nombre d'indices, à commencer par l'analyse de fossiles, ont suggéré que tout n'était pas immuable sur notre planète.

Ces nouvelles découvertes modifient la perception que les scientifiques ont de l'histoire de la Terre. L'idée d'un passé tourmenté, évolutif sans avoir été nécessairement linéaire, génère de nouvelles théories, bousculant le dogme créationniste et provoquant des débats animés entre tenants de différentes écoles.

Neptuniens versus vulcanistes ou plutonistes

Les esprits s'affranchissant peu à peu de la rigidité du cadre de pensée traditionnel, une controverse vit le jour entre partisans du Neptunisme (de Neptune le dieu de la mer), imprégnés d'une histoire des transgressions et des régressions marines, qui donnaient une origine marine à toute roche, et ceux du Vulcanisme ou Plutonisme, inspirés par l'observation des volcans et de leurs émissions, pour qui toute roche ne devait son existence qu'à la remontée de corps magmatiques remontant des profondeurs terrestres incandescentes (Pluton étant le souverain des enfers et Vulcain le dieu du feu). Le XVIIIe siècle et le début du XIXe virent s'affronter les partisans d'une conception engendrée soit par l'eau, soit par le feu.

Le Neptunisme, défendu par Abraham Gottlob Werner (1750-1817), soutenait l'idée d'une formation des sols par abaissement progressif des eaux d'un océan universel, les montagnes se formant par précipitation de cristaux.

Le Plutonisme, quant à lui, attribuait la formation de la croûte du globe à l'action d'un feu intérieur, dont les volcans sont un effet. Aujourd'hui, on appelle pluton (ou roche plutonique) un magma piégé en profondeur, par opposition à un cône volcanique qui résulte d'une remontée jusqu'à la surface.

L'idée d'une synthèse selon laquelle neptunisme et vulcanisme/plutonisme pouvaient cohabiter ou se succéder n'était, alors, pas d'actualité.

Cuvier : Fixisme et Catastrophisme

Sous l'impulsion de Georges Cuvier (1769–1832), la paléontologie prend un essor nouveau. Le début de sa carrière est marqué par un article tiré de ses recherches sur les éléphants vivants et fossiles. Il en déduit que les espèces fossiles se distinguent nettement des espèces actuelles et ne doivent pas être confondues avec celles-ci. Cuvier présente alors sa conception de ce qu'il appelle les révolutions du globe. À plusieurs reprises dans le passé de la Terre, des catastrophes universelles auraient détruit la faune et la flore, expliquant ainsi la disparition des espèces connues à l'état fossile.

Promoteur de l'anatomie comparée, ses observations pourraient l'amener à penser que tout ce qui a été créé n'est pas resté immuable depuis l'origine. Néanmoins, la réflexion de Cuvier s'inscrit dans la conception créationniste. Elle est nuancée par l'idée que le cours des temps géologiques aurait été altéré par la répétition de phénomènes catastrophiques. Ce qui expliquerait ainsi l'existence de fossiles appartenant à des espèces éteintes. Toutefois l'idée fondamentale est que notre faune actuelle n'est constituée que de survivants de la faune originelle, et que le renouvellement apparent des faunes résulte de leur migration : « *Au reste, lorsque je soutiens que les bancs pierreux contiennent les os de plusieurs genres, et les couches meubles ceux de plusieurs espèces qui n'existent plus, je ne prétends pas qu'il ait fallu une création nouvelle pour produire les espèces existantes, je dis seulement qu'elles n'existoient pas dans les mêmes lieux, et qu'elles ont dû y venir d'ailleurs.* » (*Discours sur les Révolutions de la Surface du Globe et sur les Changements qu'elles ont produits dans le Règne animal*). Par cette affirmation, Cuvier soutient la thèse de l'existence passée de révolutions du globe définies par une suite de catastrophes, génératrices de destructions à l'image du déluge biblique.

Mais, déjà, lorsqu'il publie les différentes éditions de son *Discours*, l'épisode diluvien cesse d'être une référence au sein de la communauté scientifique. En effet, en 1833, lors de la réunion extraordinaire de la Société géologique de France à Clermont-Ferrand, le terme *Diluvium* fut remplacé par le terme *Quaternaire*, impliquant l'apparition de nouveaux genres, ainsi que la division du Quaternaire en plusieurs phases.

Ce qu'illustre le propos tenu ultérieurement par Gaston de Saporta dans *Les temps quaternaires* : « *(...) l'erreur de la première heure fut effectivement de vouloir tout expliquer avec un mot, – celui de courants diluviens adopté par Cuvier parce qu'il semblait étayer et favoriser l'idée d'un déluge historique, dernier terme de ceux qui l'auraient précédé (...)* ».

Lamarck : le Transformisme

L'œuvre scientifique marquante de Jean-Baptiste de Lamarck (1744–1829) a été de fournir une classification des Invertébrés fossiles. Il a utilisé le concept fondamental d'espèce fossile analogue pour opérer des rapprochements entre les espèces anciennes et les espèces actuelles. La paléontologie des Invertébrés lui a fourni le matériau de base pour démontrer la continuité de la vie.

Zoologue et aussi botaniste, Lamarck énonça une théorie naturaliste sur l'évolution des espèces impliquant une transformation des espèces au cours de l'histoire géologique et reposant sur l'hérédité des caractères acquis. Dans ce contexte, le vivant devient un système capable d'adaptation fonctionnelle, réagissant de lui-même aux influences du milieu.

A ce transformisme biologique, James Hutton (1726–1797) ajoute le transformisme lithologique : de même que les êtres vivants se sont modifiés, les roches ont pu changer de nature, et leur état actuel ne reflète que les conséquences de cet acte de transformation. Perçu initialement comme statique, le monde devient fluctuant et dynamique.

Se référant au principe d'actualisme, Lamarck considère que les seuls phénomènes auxquels on peut se référer sont ceux que l'on peut constater au sein de la nature actuelle : « *jamais nous ne devons faire intervenir, dans nos raisonnements, la considération d'objets hors de la nature et sur lesquels il nous sera toujours impossible de savoir quelque chose de positif* » (*Philosophie zoologique*, 1809).

Cent ans plus tard, ses réflexions sur l'origine et la transformation des êtres organiques seront saluées par la communauté scientifique, faisant de lui un initiateur de l'évolutionnisme : « *La base essentielle de l'hypothèse lamarckienne, c'est l'influence du milieu sur les êtres vivants ; aux variations déterminées par le milieu correspondent des variations adaptives dans la structure, et ces dernières peuvent se transmettre par hérédité. Le transformisme a pénétré comme un ferment dans le monde scientifique et suscité de toutes parts des travaux qui ont renouvelé la face des sciences naturelles. En Botanique, comme en Zoologie ou en Géologie, il ne se produit presque aucun travail de valeur qui ne procède ou ne tienne compte de cette grande conception* » (discours prononcé, le 13 juin 1909, par Léon Guignard à la cérémonie d'inauguration du monument de Jean de Lamarck, au Muséum d'Histoire naturelle).

Dans le même esprit, Charles Lyell (1797-1875) donne un nouvel élan à la géologie historique. Dans ses *Principles of Geology*, il considère que les causes anciennes, en l'occurrence les processus physico-chimiques, sont semblables aux causes actuelles (« *The present is the key to the past* »), conduisant à la distinction désormais acceptée de trois types de roches : sédimentaires (issues d'un dépôt), magmatiques (issues d'une fusion) et métamorphiques (issues d'une transformation à l'état solide sous l'effet de la température et de la pression).

L'école transformiste

Dans sa publication « L'école transformiste et ses derniers travaux » (*Revue des Deux Mondes* –1869), Gaston de Saporta soulignera l'apport de la paléontologie dans la compréhension des phénomènes anciens : " *(...) La théorie transformiste est loin de dater de nos jours ; une plume autorisée a tracé ici même avec talent l'histoire de ses origines et critiqué, non sans raison, quelques-unes de ses tendances extrêmes ; mais quelle est celle de nos théories scientifiques que l'on n'ébranlerait pas en la poussant ainsi à ses dernières conséquences ? Quand on a affaire à une doctrine encore en voie de développement, au lieu de rechercher les déviations et les obscurités inévitables, ne vaut-il pas mieux s'attacher à saisir plutôt les côtés vrais et solides ? A ce point de vue, la paléontologie offre un secours précieux. En réalité, c'est dans la paléontologie surtout que la croyance à l'évolution a sa raison d'être. Sans la certitude que nous avons de l'antiquité de la vie organique sur le globe, cette croyance ne serait qu'un jeu d'esprit ; avec cette assurance, elle devient une hypothèse qui s'adapte mieux que toute autre aux faits observés. En dehors de l'évolution, les phénomènes anciens ne constituent qu'une énigme indéchiffrable. Si les espèces ne sont pas sorties les unes des autres par voie de filiation, elles ont dû se montrer subitement par l'effet d'une série d'opérations mystérieuses dont il est impossible de fournir les preuves. Faire intervenir l'action directe d'une volonté supérieure, c'est introduire gratuitement l'inconnu dans le domaine de la science. Sans doute, pour défendre l'autre solution, on est aussi obligé de faire appel à l'inconnu ; on a du moins une base solide, l'exemple des métamorphoses qui sous nos yeux transforment les individus et quelquefois influent sur plusieurs générations. L'évolution est un phénomène du même ordre ; seulement elle a eu une période de temps presque indéfinie pour se dérouler. Inconnu pour inconnu, celui qu'entraîne l'idée de l'évolution paraît plus vraisemblable que l'autre, si toutefois l'on consent à se dépouiller de tout parti-pris en faveur de l'ancien système, pour qui une longue possession semble un excellent titre. C'est dans cet esprit que nous aborderons l'étude des principales questions que l'école transformiste a tenté dernièrement de résoudre..."*

Car, malgré les énigmes qui subsistent quant à la compréhension de phénomènes anciens ayant affecté la vie sur terre, rien dans l'observation des fossiles ne permet de justifier d'un dessein préconçu émanant d'une volonté supérieure ordonnatrice de ces changements.

Le Darwinisme

Lorsqu'en 1859, Darwin (1809–1882), naturaliste et paléontologue, publie son ouvrage *On the Origin of Species by Means of Natural Selection, or the Preservation of Favoured Races in the Struggle for Life*, les travaux et la réflexion de Gaston de Saporta ont atteint un degré de maturité qui lui permettent d'envisager ses premières publications. Il deviendra par la suite un des correspondants de l'illustre naturaliste anglais[1].

Darwin affirme que les espèces animales et végétales sont soumises à l'évolution. Ce ne sont pas des entités immuables, elles évoluent au cours du temps. Qui plus est, de nouvelles espèces peuvent apparaître.

En 1871, il publie *The Descent of Man, and Selection in Relation to Sex*, puis *The Expression of the Emotions in Man and Animals*, où il établit que l'homme provient d'un primate supérieur, ancêtre commun de l'homme et des singes anthropoïdes actuels. L'évolution des espèces serait progressive et constante au cours du temps : les espèces se modifieraient graduellement pour s'adapter aux changements du milieu. La sélection naturelle résulterait de changements dans les conditions extérieures, contraignant chaque être vivant à lutter pour son existence, ainsi que de la rivalité entre géniteurs.

1. Ces courriers ont été repris dans l'ouvrage d'Yvette Conry *Correspondance entre Charles Darwin et Gaston de Saporta,* 1972.

Lors de son courrier du 18 décembre 1877, Saporta fit part de sa communauté de vue avec Darwin :

« *J'ai un double motif pour vous écrire; d'abord je veux vous dire que j'ai su de Paris que vous alliez être probablement choisi et proposé par la Section de botanique de l'Académie des Sciences et que votre élection, si longtemps attendu, ne souffrirait aucune difficulté – Je serais doublement heureux de cet événement et pour mon pays qui se doit d'accueillir un homme comme vous qui avez donné à l'histoire naturelle en général et à ce qui concerne sa considération de l'espèce une impulsion si vive que toutes les notions se sont, pour ainsi dire, renouvelées ; j'en serais heureux encore pour moi-même, puisque je fais partie, à titre de correspondant de cette même section de botanique et que je deviendrais votre confrère, après avoir été un de vos premiers disciples en France. Plus je vais, plus j'avance dans l'existence et dans la poursuite de mes recherches paléontologiques, plus je vois se confirmer vos vues, vos tendances, votre façon d'envisager les choses, et de présenter les solutions raisonnables des phénomènes anciens, relatifs à l'origine et au développement graduel des êtres vivants.* »

Les échanges de correspondance enrichissent leurs réflexions mutuelles sur l'évolution des plantes :

« *Votre idée que les plantes dicotylédones n'ont pas manifesté leur vigueur tant que les insectes suceurs ne sont pas développés me paraît magnifique. Je suis surpris qu'elle ne me soit jamais venue à l'esprit, mais il en est toujours ainsi tant que l'on apporte pour la première fois une explication nouvelle et simple de quelque phénomène mystérieux. C'est la vieille histoire de l'œuf de Christophe Colomb. J'ai autrefois montré que nous pouvions selon toute vraisemblance, attribuer la beauté des fleurs, leur doux parfum et leur abondant nectar à l'existence des insectes qui les fréquentent, mais votre idée – dont je souhaite la publication – va beaucoup plus loin et est beaucoup plus importante. Dans la question du grand développement des mammifères pendant les plus récentes périodes géologiques, développement qui résulte de celui des dicotylédones. Il faudrait prouver que les animaux comme les daims, les vaches, les chevaux, etc., n'auraient pu prospérer s'ils s'étaient uniquement nourris de graminées et autres monocotylédones anémophiles ; or il me paraît qu'il n'y a aucune preuve sur ce point. Vous suggérez d'étudier comment ont été fertilisés les survivants des plus anciennes formes de dicotylédones, c'est une très bonne idée et j'espère que vous la retiendrez…* » (lettre de Darwin à Saporta du 24 décembre 1877).

Soulignant l'importance du milieu sur les variations morphologiques, Gaston de Saporta adhéra au principe de l'évolution, sans nécessairement mettre l'emphase sur son corollaire qu'est la lutte pour l'existence.

Car, plus que la sélection naturelle, l'idée novatrice de Darwin c'est la modification dans la descendance, induisant le fait que les espèces ont une histoire et qu'elles puissent être apparentées.

Le darwinisme a, ainsi, défini un cadre conceptuel permettant d'appréhender l'instabilité du vivant, dont le maître-mot est l'adaptation.

Le temps des Houilles

L'âge de la Terre

Vers 1750, Georges Buffon (1707-1788), sur la base d'expérimentations de refroidissement de sphères métalliques, établira une durée d'existence de la Terre très supérieure à l'estimation historique empruntée à la Bible qui était de 4000 ans. Les esprits évoluant, une nouvelle interprétation des textes de la Genèse considéra que l'histoire de l'Homme n'était pas celle de la Terre, et que les jours dont il était fait mention correspondaient à des périodes de durées indéterminées.

L'abondance relative de fossiles d'époques différentes conduisait alors à envisager une succession de périodes dont la durée reposait sur le rythme de sédimentation. Le gradient de température mesuré au fond des mines fut aussi utilisé comme clé de datation des terrains.

Au temps de Gaston de Saporta, toutes les roches étaient considérées comme appartenant à une chronologie unique, reflet d'une histoire unique de la surface de la Terre. La sédimentologie, l'analyse des roches issues des tréfonds de la sphère terrestre, l'utilisation de marqueurs chronologiques tels les fossiles d'animaux et de plantes, permirent d'établir une succession d'ères (Primaire, Secondaire, Tertiaire, Quaternaire), sans toutefois, encore, en préciser exactement les durées.

Aujourd'hui les progrès faits dans les datations situent l'âge de la Terre a environ 4,5 milliards d'années. Celles-ci sont maintenant établies de façon absolue et non plus, seulement relatives les unes par rapport aux autres.

La Commission Internationale de Stratigraphie (ICS) et l'Union Internationale des Sciences Géologiques (UISG) se sont appliquées à définir une échelle stratigraphique universelle des étages géologiques au sein de laquelle le Précambrien (divisé en Archéen, Hadéen et

Protérozoïque), peu fossilifère, occupe presque les quatre premiers milliards d'années. Par la suite les ères Paléozoïque, Mésozoïque et Cénozoïque (anciennement dénommées Primaire, Secondaire et Tertiaire/Quaternaire) sont celles qui virent l'explosion de la biodiversité.

Nous savons que le Carbonifère est une période du Paléozoïque (ère Primaire) qui a succédé au Dévonien. Ce point était connu dès la deuxième moitié du XIXe siècle. Ce qui ne l'était pas était sa datation (de –359 à –299 millions d'années), correspondant à une durée de 60 millions d'années.

Ce Carbonifère, souvent appelé « *temps des Houilles* » par les premiers paléobotanistes fut un objet d'études particulièrement apprécié de ceux-ci. En effet, le développement de la production minière de charbon, fit de ces terrains des lieux privilégiés pour leurs travaux. Pour la première fois on pouvait, à grande échelle et par des approches multiples, observer ce que la nature ancienne avait déposé, et qui était enfoui à des profondeurs jusque-là inaccessibles.

Les premiers spécialistes du Carbonifère

Alexandre Brongniart (1770-1846) publie en 1821 une *Notice sur des végétaux fossiles traversant les couches du terrain houiller* dans laquelle il analyse une forêt fossile pétrifiée, dégagée dans la mine de houille du Treuil.

En 1822, son fils Adolphe Brongniart, que Gaston de Saporta considérait comme son maître, publie *Sur la classification et la distribution des végétaux fossiles*, mémoire qui pose les fondements de la paléobotanique. Sa collection comprendra notamment plusieurs spécimens de référence pour les flores des terrains houillers, correspondant à de nombreuses espèces.

François-Cyrille Grand'Eury (1839-1917) est un des premiers à avoir proposé l'application de la stratigraphie à l'étude botanique systématique de la flore fossile du Carbonifère. Il entreprend également

de comparer et rassembler les différents débris fossiles pour avoir une idée générale de l'aspect des végétaux disparus et de leur anatomie : il reconstitue leurs racines, leurs troncs, leurs rameaux, leurs bouquets de feuilles. En identifiant la flore qui avait donné naissance aux couches, en recensant systématiquement l'apparition et la disparition de certaines espèces, il parvint à reconstituer les écosystèmes disparus du Carbonifère. Il était désormais possible de connaître l'âge relatif des couches de charbon et donc de déterminer la position d'un gisement. Grand'Eury proposa un découpage de bassin en cinq étages successifs communs aux bassins houillers continentaux français, chacun présentant une flore spécifique. Il devenait possible, en corrélant des niveaux repère, de reconstituer le profil paléogéographique de bassins, avant, pendant et après le dépôt de couches de charbon.

René Zeiller (1847–1915), auteur de la notice nécrologique de Gaston de Saporta citée précédemment, rédige le quatrième volume de l'*Explication de la carte géologique de la France*, où il décrit les principales espèces du terrain houiller. Il s'intéresse aux flores stéphano-permiennes, recherchant dans ces couches les premiers représentants de certains conifères.

Le Stéphanien est l'étage géologique correspondant au bassin houiller de Saint-Etienne, dans la stratigraphie régionale de l'Europe de

Ci-contre :

Le rapport de la vingt-neuvième section du Congrès scientifique de France, qui s'est tenu en 1862, mentionne qu'à une question d'un participant « *M. d'Albigny* (secrétaire général du congrès) *répond qu'on a rencontré de nombreux sigillaires* (grands arbres de la forêt carbonifère) *dans le terrain houiller de Saint-Etienne ; que, il y a quelques années, deux énormes troncs de sigillaires ont été trouvés avec leurs racines dans une position verticale qui donnait à croire qu'ils étaient encore implantés dans le sol qui leurs avait donné naissance* ».

l'Ouest, lui-même inclus dans le Carbonifère, et que l'on retrouve notamment dans plusieurs autres bassins houillers français.

Le Permien, dont le nom vient de Perm (ville de l'Oural), est le système géologique qui correspond à la sixième et dernière période du Paléozoïque (ère primaire), succédant au Carbonifère. La fin du Permien a été marquée par la plus sévère extinction de masse qu'ait connue la planète. Concernant les raisons de cet événement majeur, plusieurs causes ont été évoquées, parmi lesquelles figure l'irruption d'un volcanisme d'ampleur exceptionnelle, accompagné de gigantesques coulées basaltiques en Sibérie. Après cette spectaculaire et brutale extinction, la vie redémarra vigoureusement (au rythme des temps géologiques), permettant l'épanouissement de nouvelles espèces, dont les représentants les plus emblématiques ont été les dinosaures de grande taille. Mais, après environ 200 millions d'années de suprématie « *dinausorienne* », ceux-ci à lors tour disparurent lors d'une nouvelle extinction de masse, attribuée à la collision d'un astéroïde avec la Terre.

Gaston de Saporta et le Carbonifère

Des échanges entre Darwin et Saporta il ressort qu'« *il est indispensable de remarquer la coïncidence de l'examen des couches carbonifères et d'une meilleure connaissance des Cryptogames vasculaires, si l'on se souvient que ces derniers se sont épanouis précisément dans les terrains carbonifères* ». Darwin précise que la définition du système carbonifère (et sans doute l'origine du mot) remonte à l'ouvrage de William Conybeare (1787-1857) *Outlines of the Geology of England and Wales.*

Bien que spécialiste de la flore tertiaire puis quaternaire, Gaston de Saporta porta un vif intérêt à l'étude des terrains houillers.

Dans la *Revue des Deux Mondes*, il publie en 1882 un texte dénommé *Formation de la houille* dans lequel il mentionne :

« *Maintenant, nous savons que la période carbonifère représente le plus merveilleux épisode de cette chronique du globe qui se perd dans un lointain si reculé (…) Le règne végétal, ainsi considéré, est le premier facteur du phénomène des houilles, mais il n'est pas le seul ; il en est deux autres, dont il est indispensable de tenir compte avant d'obtenir la formule génésique des combustibles minéraux. De ces deux facteurs, l'un consiste dans des conditions de milieu, c'est-à-dire de climat et de température, toutes spéciales ; l'autre, dans la disposition matérielle des lieux où les végétaux se trouvèrent placés (...) aussitôt que l'on touche aux périodes paléozoïques dont le temps des houilles fait lui-même partie ; sur le seuil de cet âge et au moment d'y pénétrer, on voit enfin les conifères et avec elles les cycadées s'atténuer, puis s'évanouir ; les fougères, en revanche, grandissent en importance, et d'autres plantes absolument inconnues (ou du moins sans liens directs avec celles de notre époque) s'associent aux premières de façon à former un ensemble dont rien de ce que nous contemplons aujourd'hui à la surface du globe ne saurait nous donner l'idée (...). Des circonstances particulièrement favorables au développement ainsi qu'à la conservation des végétaux signalèrent la période carbonifère à laquelle correspond le terrain houiller* ».

Le discours se poursuit, outre un hommage adressé à Grand'Eury, par la caractérisation de la flore carbonifère :

« *L'abondance extrême des restes fossiles accumulés au sein des houillères et dernièrement les recherches d'un savant français, promptement devenu célèbre ont permis de reconstituer d'abord partiellement puis intégralement la plupart des types végétaux de cette curieuse époque, la plus reculée de celle dont les plantes soient arrivées jusqu'à nous, autrement qu'en vestige isolé.*

Les genres, les familles elles-mêmes parfois les groupes principaux diffèrent de ceux qui les représentent sous nos yeux ou s'en écartent le moins.

Ce sont des fougères souvent arborescentes, d'autres fois gigantesques (...). Arrêtons-nous un instant avant d'abandonner la flore carbonifère, pour constater les deux faits principaux, que son étude nous révèle comme une réalité incontestable.

Le premier c'est que le règne végétal ne comprenait (au moins d'après ce que nous savons), en dehors des plantes les plus imparfaites et uniquement cellulaires, que deux classes, celles des Cryptogames vasculaires, douées à cette époque d'une perfection organique qu'elles ne retrouveront jamais plus, et celle des Phanérogames gymnospermes, composés de genres pour la plupart disparus, à l'exception peut-être du seul Saliburia.

Le second c'est qu'il régnait alors dans toute l'étendue des zones tempérées et glaciales, actuelle, une température parfaitement égale et un climat dont l'humidité tiède ne saurait être contestée ».

Dans *Les périodes végétales de l'époque tertiaire. Notions préliminaires*, Gaston de Saporta reviendra sur la formation de la houille :

« *On conçoit que l'eau ayant été le véhicule principal et des sédiments et des végétaux dont les sédiments ont empâté les fragments et gardé les vestiges, les empreintes fossiles se soient multipliées de préférence au fond de certaines lagunes et de certains estuaires, dont les bords étaient à la fois favorables au développement des plantes et à l'apport des argiles, de la vase ou du sable fin, dans lesquels ces plantes ont pu aisément laisser tomber leurs feuilles, leurs fleurs, leurs fruits ou des portions de leur lige, entassés à l'état de résidus. L'idée d'attribuer cette conservation à des déluges, à des catastrophes subites, à des destructions violentes et universelles, a été abandonnée à mesure que les fossiles végétaux ont été examinés de plus près. Les lits qui recouvrent ou accompagnent les charbons minéraux de toutes les époques sont généralement riches en empreintes végétales, non pas par l'effet de quelque submersion rapide de l'ancien sol où elles croissaient, mais uniquement par la raison que les combustibles tirés du sol : anthracites, houilles ou lignites, n'ont pu se produire qu'à la façon de nos tourbes par l'accumulation lente, au sein de vastes marécages, de tous les débris carbonisés des plantes qui les encombraient. Lors donc qu'un terrain se trouve riche en lits de charbon, il faut simplement en conclure que la région au sein de laquelle ces charbons se sont formés était couverte à un moment donné de lagunes peuplées de plantes aquatiques et que l'état de choses qui favorisait le développement de ces plantes eut autrefois une durée suffisante pour permettre aux détritus provenant de leurs débris décomposés de s'accumuler au fond des eaux. Ces résidus se sont ensuite convertis, au moyen d'une opération chimique bien connue, favorisée par la présence de l'eau, en un lit plus ou moins épais de combustible. Si d'autres lits, schisteux ou compacts, ont recouvert les premiers et renferment des empreintes, c'est qu'à l'action des seuls végétaux livrés à eux-mêmes, s'entassant et se décomposant peu à peu, est venue se joindre celle d'un apport de sédiment, susceptible de recouvrir les végétaux vivants ou récemment détachés et de les soustraire à la destruction, en leur fournissant un moyen de conservation* ».

Il convient de noter, toutefois, que les travaux paléontologiques entrepris un siècle plus tard relativisent cette unicité climatique qu'aurait connue la période carbonifère, l'hétérogénéité des écosystèmes observés montrant des variations globales du climat. La fin de cette période aurait été marquée par une augmentation importante du taux d'oxygène dans l'atmosphère (jusqu'à 35%), favorisée par l'expansion massive de fougères géantes, ainsi que par l'enfouissement de matière organique qui allait générer les gisements de charbon. La grande taille des amphibiens et insectes de cette époque résulterait de cette abondance d'oxygène.

Houilles, lignites : le bassin de Fuveau

Spécialiste de la flore d'Aix-en-Provence, Gaston de Saporta ne pouvait non plus ignorer la présence d'un bassin charbonnier à sa proximité, celui de Fuveau (Bouches-du-Rhône). Il avait dans sa publication sur l'origine des houilles mentionné la présence de dépôts du même type à différentes périodes :

« *Le temps a fait le reste, et le combustible a acquis graduellement les propriétés qui distinguent la houille véritable des charbons plus récents, "stipites" et "lignites" : ceux-là sont aux terrains secondaires, ceux-ci aux tertiaires, ce qu'est la houille relativement aux terrains primaires.* »

C'est donc au gisement de lignite de Fuveau qu'il consacra une partie de ses réflexions :

« *En laissant de côté les notions chimériques, il est naturel de se demander, dès que la théorie fait procéder les combustibles charbonneux d'un concours déterminé de circonstances physiques, comment elle s'applique aux charbons minéraux d'une origine plus récente que les houilles, et si les indices fournis par les "stipites" d'abord, par les "lignites" ensuite, sont de nature à la confirmer…* ».

Nous sommes effectivement en présence d'un charbon plus récent que celui de l'époque des Houilles.

« *(…) Les lignites de Fuveau sont distribués en plusieurs bassins partiels et contigus ; ils comprennent des lits de charbon exploités sur une grande échelle, séparés par des schistes et des plaques marneuses ou bitumineuses. Celles-ci résultent d'un mélange de substance charbonneuse et de sédiment, allant depuis le charbon impur jusqu'au calcaire plus ou moins coloré en brun par la décomposition des résidus végétaux. Ces lignites appartiennent incontestablement à la partie récente du terrain secondaire…* ».

Ces couches de charbon sont barrées, horizontalement, par des bancs calcaires alternant avec le charbon lui-même, suivant des épaisseurs variables.

« *(…) leur formation a eu lieu dans des conditions et avec des alternances pareilles à celles que présente le terrain carbonifère. Mais les temps n'étaient plus les mêmes et la végétation en particulier avait pris une tout autre apparence. Il n'est donc pas sans intérêt de rechercher quelles sortes de plantes ont amené la production des lits de combustibles dont nous parlons. Il a fallu, pour le savoir, une exploration d'autant plus patiente que dans les couches de Fuveau, malgré la nature fissile de la roche et la présence d'une foule d'indices épars, les débris déterminables, c'est-à-dire ayant conservé leur forme, sont partout prodigieusement rares. En revanche, sur un grand nombre de plaques charbonneuses, on distingue une multitude de résidus de petite dimension, comme s'il s'agissait de plantes réduites par une macération prolongée à l'état de parcelles disséminées et flottantes dans une purée végétale qui aurait occupé le fond des marécages. L'absence de rameaux et de feuilles d'espèces arborescentes et l'abondance des débris provenant d'un amas de végétaux aquatiques décomposés sont visibles dans les plaques bitumineuses de Fuveau et, par conséquent, dans le lignite même de cette région. À l'exception d'un vestige de palmier, observé une seule fois, et qui accuse un type actuellement confiné aux Séchelles, à l'exception encore des fruits filamenteux d'une nipacée, qui doivent avoir flotté comme leurs congénères actuels flottent sur les eaux du Gange, toutes les espèces recueillies se sont trouvées des plantes palustres ou fluviatiles.* »

On observera que les combustibles, de couleur noire, du bassin de Fuveau, qui ont fait pendant plus deux siècles l'objet d'une exploitation industrielle, et dont la teneur en eau est inférieure à 10%, n'ont que peu à voir avec les lignites bruns (*brown coal*) allemands de Rhénanie/Westphalie ou du Brandebourg, d'une teneur en eau pouvant atteindre 50%. Mais, ayant été formés au Crétacé supérieur, 230 millions d'années environ après les dernières houilles du Carbonifère, ils ne lui ont pas été assimilés.

Ainsi que l'a montré l'étude des fossiles, la végétation, dans cet intervalle, avait énormément évolué. Les angiospermes, plantes à fleurs et à fruits, végétaux inexistants au Carbonifère, avaient pu se répandre sur la quasi-totalité de la planète.

La production de charbon

En Europe, l'Angleterre s'est historiquement distinguée par sa production minière : « *Au XIXe siècle le vieux continent possédait un quasi-monopole de la production d'énergie (houille) ; sur un total de 130 millions de tonnes annuelles vers 1866-1870, l'Angleterre en extrayait 80 millions…* » (André Siegfried cité par J. Lepidi – *Notes et Etudes Documentaires* n° 4280 – La Documentation Française, chiffres globalement corroborés par ceux du « Comité des Forges, la Sidérurgie Française 1864-1914 »).

Cette production mondiale (130 millions de tonnes), de nature à impressionner les contemporains de ces années 1860, est d'une grande modestie en regard des 7,7 milliards de tonnes de charbon produits sur terre en 2020. La seule Chine en a produit, cette année-là, 3,9 milliards de tonnes, soit plus de la moitié. A titre de comparaison, la production française cumulée pendant deux siècles d'histoire industrielle a été de 4,5 milliards de tonnes. Celles de l'Angleterre et de l'Allemagne, pays aux sous-sols plus dotés en combustibles solides, ont représenté, chacune, plusieurs fois celle de la France.

Vers 1870, les émissions annuelles de CO^2 étaient à la hauteur des quantités de charbon brûlées, soient très inférieures à ce qu'elles sont devenues au cours de la deuxième moitié du XXe siècle.

Car, comme le note le rapport de synthèse *Changements climatiques 2014 – Rapport de synthèse* du Groupe d'Experts Intergouvernemental sur l'Evolution du Climat (GIEC), la croissance économique et démographique observée « *depuis les années 1950* » a considérablement accru ces émissions.

Les anciens climats de la Terre

Très tôt, les paléontologues, géologues, zoologistes et botanistes, convaincus par l'évidence de l'évolution des espèces, se penchèrent sur les causes qui la motivaient, les conduisant à étudier les rapports entre l'individu et son milieu, ainsi que l'évolution même du milieu environnant. Car si lois physiques qui régissent les milieux sont constantes, les milieux, quant à eux, évoluent.

S'agissant de l'évolution de la flore terrestre, principal questionnement de Gaston de Saporta, ce dernier, instruit par l'étude des houilles, ne manqua pas de s'interroger sur les variations climatiques qui pouvaient présider à leur transformation.

« *L'étude des flores fossiles n'a pas seulement pour résultat de nous faire suivre l'évolution des plantes depuis l'ancêtre le plus ancien connu jusqu'au descendant actuel ; elle jette aussi une vive lumière sur le mystérieux passé de la Terre, et notamment sur les conditions climatériques qui ont régné à sa surface et au milieu desquelles se sont accomplies les lentes révolutions de la vie organique. Le climat est certainement de tous les milieux celui dont l'influence se fait le plus vivement sentir sur la vie des êtres. Or nous savons combien sont nombreuses les causes qui concourent à l'établissement d'un climat : c'est la latitude et l'altitude, c'est le régime des vents, celui des eaux, c'est la nature et le relief du sol, c'est les voisinage ou l'éloignement de la mer. Toutes ces causes, dont les effets respectifs sont connus, ont dû évidemment agir dans le passé comme elles agissent aujourd'hui, mais on comprend que s'il fallait établir la part d'influence exercée par chacune d'elles aux diverses époques géologiques, on tomberait en présence de difficultés telles qu'on serait obligé d'y renoncer…* »

Mais c'est cependant à cette tâche que s'atteleront les générations suivantes.

« *Toutefois il est une de ces causes, la latitude, dont on peut, par analogie avec ce qui se passe sous nos yeux et abstraction faite de toute autre influence, connaître les effets. On sait qu'avec la latitude croît l'obliquité des rayons du soleil, et que par conséquent la température diminue dans les mêmes proportions, c'est-à-dire qu'en général plus grande est la latitude d'une région, le moins chaud est son climat. Mais on sait aussi que la végétation suit la même marche que la température, pourvu qu'à la chaleur s'ajoutent des conditions de sol et d'humidité convenables. La flore tropicale, la flore tempérée et la flore des régions traduisent nettement la décroissance de la température de l'équateur au pôle. Il existe même entre une flore et le climat sous lequel elle vit, une relation si étroite que connaissant l'un on peut se représenter l'autre. Ce n'est pas au Groenland que croissent les palmiers, et ce n'est pas non plus dans les chaudes plaines d'Afrique équatoriale qu'il faudra aller chercher des sapins. Chaque climat a donc sa flore et chaque flore son climat.* » (*Les anciens climats de l'Europe et le développement de la végétation*)

Un premier cadre est tracé. Le climat est déterminant dans la vie des êtres. Les facteurs qui le définissent sont ainsi énumérés : latitude, altitude, eau, vent, nature et relief du sol, distance à la mer. A cette époque, on connaît assez bien la chronologie de la formation des terrains, et plus particulièrement celle relative aux stratifications successives des dépôts sédimentaires, dès lors qu'ils n'ont pas été affectés par une tectonique complexe.

Les investigations concernant le rayonnement solaire en ont amélioré la connaissance, et l'étude des glaciers a déjà apporté ses premiers enseignements.

Depuis Alexander von Humboldt (1769-1859), le rôle de redistribution des températures joué par les grands courants marins a été mis en évidence, ainsi que celui des vents avec lesquels ils sont en interaction.

Latitude, altitude, eau, vent, nature et relief du sol, distance à la mer

Le positionnent en latitude d'une zone géographique en détermine l'intensité de l'ensoleillement. Mais une même zone géographique a-t-elle de tous temps été située à la même latitude ? Jusqu'au début du XXe siècle la réponse semble avoir été oui.

Ce n'est qu'en 1912 qu'Alfred Wegener (1880-1930) proposa sa théorie de « dérive des continents ». Il rejette le modèle préexistant, censé expliquer la présence des montagnes et des océans par des plissements dus au refroidissement de la Terre. Son hypothèse repose notamment sur des données paléontologiques et sur l'observation des contours des continents (la côte orientale de l'Amérique du Sud pouvant s'emboiter avec la côte occidentale de l'Afrique). Longtemps contesté, ce concept fut repris, quelques décennies plus tard, grâce notamment à une meilleure connaissance du paléomagnétisme, puis développé par le modèle de tectonique des plaques expliquant la dynamique globale de la lithosphère terrestre.

L'orientation du champ géomagnétique terrestre s'étant inversée plusieurs fois, les roches qui se sont formées au cours du temps ont conservé la mémoire de cette orientation. Cette orientation fossile, facilitant la datation des terrains, a permis de mettre en évidence la contemporanéité de structures issues d'une formation commune, mais aujourd'hui appartenant à deux continents séparés.

La tectonique des plaques, permettant la reconstitution historique des 4,5 milliards d'années de vie de la Terre, démontre que la latitude des terrains fossilifères a fortement varié au cours des temps géologiques.

Concernant les terrains houillers, ceux-ci vers la fin du Carbonifère, se situaient entre tropiques et équateur. Tous les continents étant, alors, regroupés au sein d'un supercontinent dénommé Pangée.

Dès lors, la théorie de la tectonique des plaques répond à la question relative à la latitude. Celle de l'altitude peut lui être associée. Les plaques, se chevauchant, par des phénomènes de subduction (processus géodynamique d'enfoncement d'une plaque sous une autre plaque

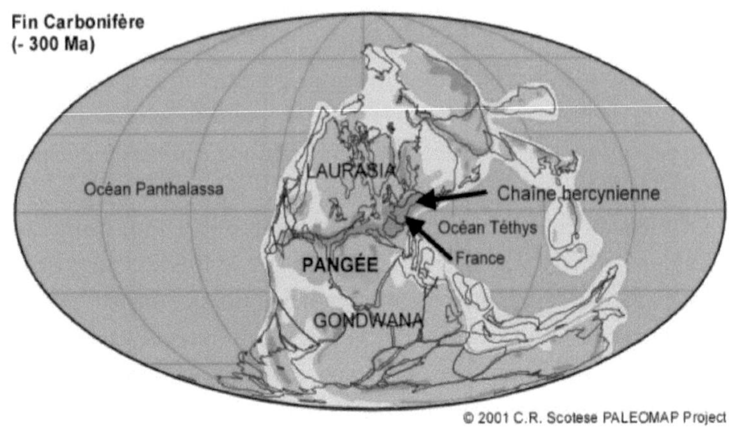

La chaine hercynienne (également appelée chaine varisque) traverse d'est en ouest le supercontinent Pangée au niveau de l'équateur. Le Carbonifère fut affecté par des événements tectoniques tardifs de la chaine hercynienne, plissant et fracturant ainsi les dépôts houillers.

de densité plus faible), provoquent l'apparition de chaines montagneuses que divers facteurs de l'érosion rabotent. Le relief et la nature du sol sont aussi soumis aux mêmes phénomènes. Quant à la distance à la mer, elle est tributaire des phénomènes cycliques de regroupement des plaques en un supercontinent ou de l'éclatement de celui-ci.

Le Soleil

L'idée que la température régnant à la surface de la Terre vient du Soleil, et non, sauf exceptions locales, des profondeurs incandescentes du globe est, alors, déjà établie. A cette époque, on doit à Joseph Stefan (1835-1893) la première estimation sérieuse de la température du Soleil.

Dans sa publication sur le Carbonifère, la question des climats passés de la terre restant omniprésente dans l'étude des houilles, Gaston de Saporta, qui comme ses contemporains, ignorait la dérive des continents, émet une hypothèse quant aux variations de l'énergie solaire :

« *En combinant ces divers indices, on est amené à conclure que la chaleur toujours égale et humide de l'âge des houilles était engendrée par une lumière "diffuse", tempérée par un ciel souvent chargé de vapeurs, mais venant aussi d'un soleil auquel l'hypothèse du docteur Blandet s'applique avec plus de vraisemblance encore que pour toute autre période, tellement elle se trouve en harmonie avec l'ensemble des observations que l'étude des plantes carbonifères a permis de formuler. Selon cette hypothèse, la contraction du globe solaire aurait été graduelle. Avant d'être ramené à son diamètre actuel, encore énorme relativement, l'astre central aurait occupé antérieurement dans l'espace un périmètre d'autant plus considérable que l'on se placerait plus loin dans le passé. Originairement, par exemple, il aurait excédé l'orbite de la planète Vénus, puis celle de Mercure, et se serait ensuite condensé peu à peu à travers la longue durée des temps géologiques. Aux époques primitives, le soleil aurait ainsi compensé par l'étendue de l'éclairage et l'ampleur apparente de son disque les effets de l'obliquité de l'écliptique. Par conséquent, grâce à une illumination presque constante, accompagnée, si l'on veut, d'interminables crépuscules, l'influence des latitudes se serait trouvée annulée et la zone tropicale aurait débordé au-delà du pôle pour être ramenée ensuite jusqu'au cercle polaire. La lumière d'un globe solaire moins condensé aurait été par cela même plus calme. C'est justement ce qui semble avoir eu lieu dans l'âge où nous nous transportons par la pensée. Les zones polaires y font visiblement place à un climat uniformisé, ainsi que le démontre la présence des houilles du 35ᵉ au 80ᵉ degré de latitude, sans variations sensibles dans la composition de la flore. L'égalisation absolue du climat à travers les hémisphères, du Brésil à la terre Melville et au Spitzberg, concorde si bien avec la supposition d'un soleil encore très loin du degré de condensation auquel il est ensuite parvenu, que nous ne pouvons nous empêcher de proposer cette hypothèse comme la moins invraisemblable de toutes* ».

L'idée émise est celle d'une réduction du volume du Soleil, et partant de sa masse, comme explicative des changements de climats.

Il s'agit, en l'occurrence d'une simple supposition, sans autre élément démonstratif, comme le précise son auteur.

A cette époque, on ignore que l'énergie lumineuse du Soleil, dont on sait cependant qu'il est un corps chaud, provient de réactions de fusion nucléaire. L'une d'entre elles, la fusion des noyaux d'hydrogène, s'accompagne d'une perte de masse qui est à l'origine de la libération d'énergie solaire. Par la loi $E = m \times c^2$, Albert Einstein (1879-1955) quantifiera cette équivalence masse-énergie.

Mais, cette perte de masse est sans rapport avec la contraction supposée du globe solaire comme explication des changements climatiques observés dans les fossiles des plantes.

Cependant, l'énergie qui vient du Soleil peut, elle-même, fluctuer en fonction du nombre des taches solaires.

Une part de ce rayonnement solaire incident est renvoyée par l'atmosphère et la surface terrestre, ne servant pas ainsi à réchauffer la planète. L'albédo est la grandeur physique permettant de connaître la quantité de lumière solaire incidente réfléchie par une surface. Les glaciers ayant un albedo plus élevé que le sol nu, ils réfléchissent une part plus importante de rayonnement solaire.

Les glaciers et les explorations polaires

Les glaciers

Gaston de Saporta consacre la première partie de l'ouvrage *Les Temps quaternaires* à l'extension des glaciers, dont les traces n'ont pas manqué d'échapper à la perspicacité des géologues et paléontologues de cette époque :

« *La base solide sur laquelle s'appuie l'édifice entier de la théorie glaciaire n'est autre que l'étude raisonnée des glaciers actuels. C'est en se rendant compte du mode de formation de ceux-ci, de leur marche et des conséquences de cette marche que l'on a réussi à expliquer ce qui paraissait d'abord énigmatique et ce que l'on attribuait originairement à une force inconnue et prodigieuse dans les phénomènes anciens (…). Il est facile de concevoir maintenant ce qui se passe de nos jours et ce qui a dû se concevoir autrefois avec les anciens glaciers. Non seulement le glacier marche, mais avec lui cheminent tous les matériaux qu'il entraîne (…). Un courant liquide mais boueux et chargé de détritus caillouteux, suit toujours ainsi le glacier, et se trouve compris entre la roche sous-jacente et la face inférieure de ce glacier (…) tous ces matériaux et l'eau qui les accompagne se déverse à l'extrémité inférieure du glacier (…). L'Arye à Chamonix et la rivière de Saint-Gervais fournissent des exemples bien connus de ces déjections torrentielles* ».

En fait, lorsque Gaston de Saporta écrit ces lignes, le mot glacier est assez récent (il fera alors son entrée dans le dictionnaire), l'intérêt pour la glace n'étant venu que tardivement dans l'observation des phénomènes naturels.

On mentionnera, toutefois, le voyage du grec Pythéas en 340 av. J.C., qui partit de Marseille vers le nord pour s'assurer que la Terre était bien ronde, vérifiant ainsi que la durée du jour dépendait de la latitude. Son voyage a été relaté, trois siècles plus tard, par le géographe et historien grec Strabon qui le considéra comme un affabulateur. Pythéas aurait navigué jusqu'à l'ile de Thulé (vraisemblablement l'Islande), puis jusqu'à ce que la navigation devienne impossible en raison de la présence de glace de mer, dont il fait la première description historique.

Bien plus tard, vers 1800, les glaciers deviendront un objet d'intérêt. Un montagnard du Valais (Suisse) conçut l'idée que les énormes blocs erratiques observables dans les vallées alpines devaient leur présence au fait qu'anciennement des glaciers avaient rempli ces vallées à la forme caractéristique en U, et y auraient déposé ces blocs au cours de leur avancée.

La glaciologie prit alors son essor, notamment, sous l'impulsion de Jean de Charpentier (1786-1855), ainsi que d'Ignace Venetz (1788-

1855) et Louis Agassiz (1807-1873) qui proposa l'existence d'un âge glaciaire. Ses travaux validèrent l'existence passée de glaciers ayant recouvert le Jura et une partie du bassin lyonnais.

Les populations alpines ont été confrontées à des phénomènes d'avancée et de retrait des glaciers.

Actuellement affectées par la fonte des glaciers, elles s'alarmèrent de leurs avancées, susceptibles de menacer les habitations, lors du petit âge glaciaire qui semble avoir connu son paroxysme vers 1700.

Récemment, en 1991 sous l'effet du réchauffement atmosphérique, un homme momifié naturellement (congelé et déshydraté) a été découvert à 3210 mètres d'altitude, près de la frontière italo-autrichienne. Il avait été enseveli, pendant 5000 ans, sous une couche de neige, puis de glace qui s'était formée à la suite de sa mort.

« *Comment a-t-on pu constater l'ancienne extension des glaciers ? La recherche est aussi simple que logique. En dehors du domaine actuel des glaciers alpins, on a reconnu certaines modifications dans le relief et la configuration du sol exactement semblables à celles que les glaciers de la Suisse et de la Savoie produisent constamment sous nos yeux. On en a conclu que les glaciers s'étendaient jadis au-delà des étroites limites entre lesquelles ils oscillent depuis les temps historiques.* » (« Les glaciers actuels et la période glaciaire », Charles Martins, 1806-1889, directeur du Jardin des Plantes, *Revue des Deux Mondes*,1867).

L'extension passée des glaciers aux temps quaternaires était alors connue, mais pas les mécanismes des cycles de glaciations et de fontes des glaces.

Les explorations polaires

Le XIXe siècle verra le développement des expéditions maritimes vers les zones arctiques et antarctiques.

Les premières, tournées vers les régions arctiques, rapporteront des fossiles témoignant d'une végétation tropicale à l'ère tertiaire au Spitzberg, au Groënland et en Islande. On notera toutefois, concernant ce dernier pays, qu'il n'abrite des fossiles que sur une infime partie de son territoire (péninsule de Tjörnes dans le nord-est du pays), car il s'agit d'une île volcanique parcourue du nord au sud par un rift, fracture de l'écorce terrestre.

Cette zone arctique doit son nom au mot *arktos* (ours en grec), l'ours ou les ours en question sont des constellations de l'hémisphère nord dénommées Ourse. La Grande Ourse et la Petite Ourse sont des constellations formées chacune de sept étoiles. L'une d'entre elles, Polaris, marque le pôle Nord céleste. Elle a traditionnellement été d'une grande utilité pour la navigation.

Plusieurs explorateurs se lancèrent ainsi dans des expéditions qui n'étaient pas dénuées de risques. L'objet de quelques-unes fut même de retrouver les traces d'équipages disparus.

Certains naturalistes audacieux s'illustrèrent, tel Alfred Gabriel Nathorst (1850-1921) qui deviendra un des grands spécialistes de la paléobotanique de l'Arctique, donnant son nom à des espèces végétales ainsi qu'à des régions du Groënland et du Spitzberg. Oswald Heer (1809-1883), quant à lui, analysa les fossiles de plantes ramenées du nord-ouest du Groënland par l'explorateur Knud Johannes Vogelius Steenstrup (1842-1906). Gaston de Saporta, qui collabora avec lui à la description de flores passées, en étudia les enseignements dans sa publication *Caractères de l'ancienne végétation polaire : analyse raisonnée de l'ouvrage de M. Oswald Heer intitulé* Flora fossilis Arctica (1868).

« *De ces expéditions, ces voyageurs ont rapporté d'importants documents qui intéressent toutes les branches de la science. Grâce à eux, les géographes possèdent maintenant des cartes exactes de régions jusque-là mal figurées, les géologues des renseignements précis sur les terrains et les glaciers de ces districts, les paléontologistes d'importantes collections de plantes fossiles qui révèlent les variations, de climat survenues pendant le cours des périodes géologiques (…). L'étude de ces collections paléontologiques a conduit le regretté O. Heer à diviser ces formations en quatre assises caractérisées chacune par une flore spéciale, et correspondant respectivement à l'urgonien, au cénomanien, au sénonien supérieur et au miocène inférieur. L'urgonien contient principalement des fougères, des gymnospermes et des conifères ; les dicotylédones n'y sont représentées que par une seule espèce. La flore cénomanienne ou d'Atane se distingue, au contraire, par l'abondance des plantes dicotylédones (90 sur 117 espèces recueillies dans les gisements appartenant à cet horizon). À l'assise suivante, dit de Patoot (sénonien supérieur), on trouve également un grand nombre de dicotylédones, mais pas une seule cycadée. La découverte de ces flores crétacées au Groënland est une preuve des variations de climat subies par notre planète durant le cours des périodes géologiques.* » (« Les expéditions danoises au Groënland », Charles Rabot, *La Revue scientifique*, 1888).

Les secondes, dévolues à l'Antarctique, permirent de découvrir, sous l'impulsion de marins intrépides, un continent froid, sec et venteux d'une superficie de quatorze millions de km², recouvert de plus de deux kilomètres de glace en moyenne, représentant 90% des glaces terrestres. L'un d'entre eux, Jules Dumont d'Urville (1790-1842), donna le nom de Terre Adélie, en hommage à son épouse Adèle, à la zone du continent austral qu'il aborda. Botaniste, il avait précédemment ramené un grand nombre de plantes nouvelles à l'issue d'un voyage dans les mers lointaines (plus anecdotiquement, il fut aussi un des premiers à décrire la *Vénus* de Milo qui venait à peine d'être découverte, lorsque le navire dont il était enseigne de vaisseau fit escale dans cette île).

Comprenant l'intérêt d'unir leurs efforts, notamment en matière de météorologie, climat et géophysique, les pays concernés par ces recherches fondent la première « Année polaire internationale » dès 1882-1883.

La volonté de préservation de cet espace naturel conduira à la signature du Traité de l'Antarctique en 1959, car ce continent-témoin est considéré comme étant un observatoire des changements climatiques.

L'Union Soviétique installa à la station Vostock (qui signifie Est en russe), à la suite de l'« Année géophysique internationale » (1957), des ateliers de développement et d'essais de carottier pour la glace. Cette station est située à une altitude de 3488 m. Elle est la plus isolée du continent antarctique, la station la plus proche étant distante de plus de 1000 kilomètres. La température moyenne est de –54°C, et la pluviométrie moyenne annuelle, enregistrée sur la période 1971-2000 est de 15 mm. Ces conditions désertiques et l'épaisseur de la calotte glaciaire, qui est ici de 3700 m, en font un excellent observatoire des climats anciens.

« *(…) les glaces polaires occupent une place à part. Leur spécificité tient à ce qu'elles gardent à la fois la mémoire des variations climatiques à partir de la teneur isotopique et celle de la composition de l'atmosphère piégé dans les bulles d'air (…)* » (*Climats du passé – Les glaces polaires, une mine d'informations pour étudier l'histoire du climat*, Jean Jouzel, Claude Lorius, METMAR 1994).

Dans les années 1970 l'Union Soviétique effectua plusieurs sondages d'une profondeur allant jusqu'à 1000 m. Une nouvelle série de sondages forés dans les années 1990 permit de dépasser 3500 m.

Par la suite, dans le cadre du projet EPICA (*European Project for Ice Coring in Antarctica*), de nouveaux forages furent entrepris.

L'étude des carottages recueillis lors de ces différents forages a confirmé l'existence, sur plusieurs centaines de milliers d'années, de cycles climatiques. Ainsi que l'avait établi Milutin Milankovic (1879-1958), ces cycles résultent de l'interaction d'autres planètes du système solaire, modifiant les paramètres orbitaux de la Terre. Ils induisent, alternativement, des périodes de refroidissement et de réchauffement qui se corrèlent avec l'évolution des concentrations de CO^2 dans l'atmosphère, ces dernières n'étant pas chronologiquement à l'origine des cycles identifiés.

Le dernier phénomène qu'est le changement de direction de l'axe de rotation de la terre (à l'image d'une toupie) a été observé de longue date. Il est abordé par Gaston de Saporta dans *Le Monde des Plantes avant l'apparition de l'Homme* : « *(…) le déplacement lent et périodique du grand axe de l'orbite terrestre par suite du phénomène de précession des équinoxes, d'où résulte une différence dans la longueur respective des*

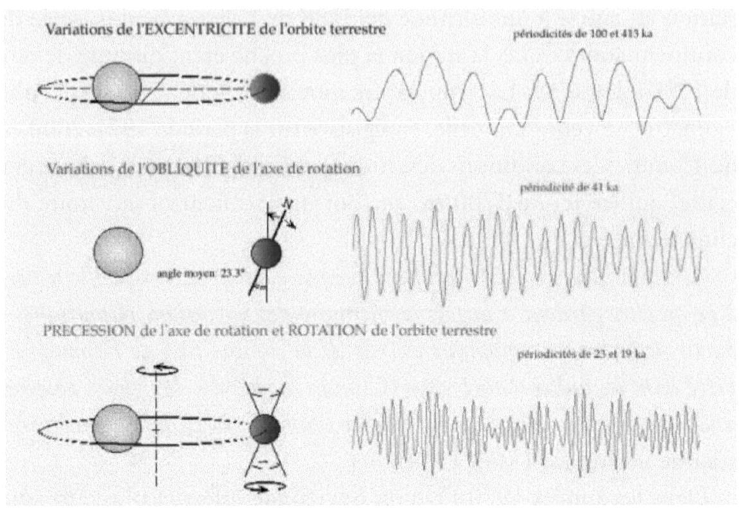

Variation des paramètres orbitaux de la Terre

saisons. Le cycle entier de ce déplacement mesure une période d'environ 21,000 ans (…) ».

Composition de l'atmosphère

Si le fait est que la chaleur vient du Soleil, celle-ci doit cependant traverser l'atmosphère pour atteindre la Terre, et une fois celle-ci atteinte, peut-elle être dissipée ou emmagasinée ?

C'est la question que pose Gaston de Saporta dans *Les anciens climats de l'Europe et le développement de la végétation* :

« *L'obliquité plus ou moins prononcée des rayons solaires n'est pas la seule cause qui puisse élever ou abaisser la température terrestre, il ne faut pas oublier que l'épaisseur et la densité de la couche atmosphérique traversée par la lumière influent directement sur la transmission et sur la déperdition plus ou moins lente de la chaleur solaire, dissipée presque aussitôt que perçue, ou emmagasinée pour un temps plus ou moins long, suivant la densité plus ou moins prononcée de la terre* ».

Le propos concerne, notamment, la densité et l'épaisseur de la couche atmosphérique.

On savait alors, depuis l'expérience de Blaise Pascal (1623-1662) au sommet du Puy-de-Dôme, de combien la pression atmosphérique décroit à mesure que l'on s'élève, permettant ainsi de définir l'épaisseur et la variation densimétrique de l'atmosphère réparti tout autour de la Terre. Celle-ci est une sphère dont le rayon (6400 km) est connu depuis Eratosthène (276-194 av. J.-C.), qui en mesura géométriquement la circonférence en comparant les angles des ombres formées par des rayons lumineux du Soleil à deux lieux différents espacés d'une distance connue.

D'autre part, on savait aussi que l'atmosphère est globalement composée d'azote et d'oxygène. Les précisions apportées depuis indiquent qu'il contient environ 78% d'azote et 21% d'oxygène, de l'argon (gaz inerte, près de 1%) ainsi qu'en plus faible quantité, de la vapeur d'eau (de l'ordre de 0.3%), du dioxyde de carbone (de l'ordre de 0.04%), du méthane, de l'oxyde d'azote, de l'ozone. Ces derniers gaz, plus des halocarbures, interceptent la plus grande partie de la chaleur émise par la surface de la Terre. Ce n'est pas le cas de l'azote ni de l'oxygène, qui par le fait de leur structure moléculaire biatomique et symétrique se laissent traverser facilement par la chaleur.

La répartition du CO^2 dans l'atmosphère est plus homogène que celle de la vapeur d'eau, qui peut en un lieu et à moment donné varier énormément, et dont le spectre d'absorption est plus restreint. Pour leur part, les nuages en fonction de leur forme, leur structure ou leur composition, ont des impacts différents, pouvant, soit accentuer le réchauffement en bloquant le rayonnement infrarouge émis par la Terre, soit l'amoindrir en réfléchissant vers l'espace le rayonnement solaire.

Deux contemporains de Gaston de Saporta, Joseph Stefan (précédemment cité) et Ludwig Boltzmann (1844-1906), établirent la relation existante entre la quantité de rayonnement infrarouge émise par un objet et sa température.

Dans le même temps, John Tyndall (1820-1893), mit en évidence le rôle des gaz à effet de serre ; « *Thus the atmosphere admits of the entrance of the solar heat; but checks its exit, and the result is a tendency to accumulate heat at the surface of the planet* ».

En fait, dès 1824, Jean-Baptiste Fourier (1768-1830) avait jeté les bases de la compréhension de l'équilibre thermique des atmosphères planétaires, tout en soulignant l'extrême complexité : « *La question des températures terrestres, l'une des plus importantes et des plus difficiles de toute la Philosophie naturelle, se compose d'éléments assez divers qui doivent être considérés sous un point de vue général. J'ai pensé qu'il serait utile de réunir dans un seul écrit les conséquences principales de cette théorie ; les détails analytiques que l'on omet ici se trouvent pour la plupart dans les Ouvrages que j'ai déjà publiés. J'ai désiré surtout présenter aux physiciens, dans un tableau peu étendu, l'ensemble des phénomènes et les rapports mathématiques qu'ils ont entre eux.* » (*Mémoire sur les températures du globe terrestre et des espaces planétaires*).

Aujourd'hui, l'état de la connaissance montre, par ailleurs, que la composition de l'atmosphère, notamment sa teneur en oxygène (*cf.* ENS Lyon – Institut Français de l'Education – Géosciences) et sa concentration en CO^2 (*cf.* chapitre 6 du quatrième rapport de synthèse du GIEC) ont pu fortement varier depuis l'origine de la Terre.

Il est maintenant établi que la combustion d'énergie fossile, essentiellement depuis 150 ans, a contribué à une augmentation, de près de 50%, de la concentration de CO^2 dans l'atmosphère, soit environ la moitié du CO^2 ainsi émis, car ce gaz participe des échanges avec la vie végétale (par la photosynthèse), les terrains (par altération de silicates calciques, formant du calcaire) et les océans (par absorption ou rejet).

Les éléments permettant une première évaluation de ces émissions sont connus : quantités de combustibles fossiles extraites, teneur en carbone de ces combustibles, masses atomiques du carbone et de l'oxygène, volume et gradient de masse volumique de l'atmosphère en fonction de l'altitude…

Dans son rapport sur le climat (2010), l'Académie des sciences confirmait que l'origine de l'augmentation récente des concentrations en CO^2 résultait de la combustion d'énergie fossile, tout en ajoutant que « *des incertitudes importantes demeurent sur la modélisation des nuages, l'évolution des glaces marines et des calottes polaires, le couplage océan-atmosphère, l'évolution de la biosphère et la dynamique du cycle du carbone* ».

Des interrogations

Au regard de l'importance qu'a pu revêtir, à leurs yeux, l'âge des houilles dans l'observation de l'évolution de la vie sur terre, certains d'entre eux s'interrogèrent sur l'impact du déstockage de carbone que représentaient l'extraction et la combustion du charbon.

Dans sa publication sur le Carbonifère, Gaston de Saporta, mentionne cette réflexion, sans toutefois, en l'absence alors de preuves tangibles existant à cette époque, la partager.

« *Pour ce qui est de l'opinion de ceux qui attachent un sens providentiel au rôle des houillères dont la mission aurait été d'épurer l'atmosphère à un moment donné, en lui soutirant des quantités d'acide carbonique, qui le rendaient impropre à entretenir la vie des animaux à respiration aérienne, bien que des hommes de génie se soient faits les éditeurs responsables d'une idée aussi bizarre, il est vraiment impossible de s'y arrêter sérieusement, ou il faudrait dire la même chose du calcaire, dont les assises, constituées en masse à partir d'une certaine époque, contiennent 16 pour 100 de carbone. Il faudrait craindre aussi, en exploitant et brûlant la houille, de restituer à l'atmosphère cette proportion nuisible d'acide carbonique qui lui aurait été enlevée jadis. Une semblable conception est au nombre de celles qu'on formule sans réflexion et qu'on répète ensuite par mutation ou par routine.* »

La question de l'impact, sur l'atmosphère, d'une utilisation massive des combustibles fossiles était néanmoins posée.

Avec l'étude des « *anciens climats de la Terre* », le caractère multifactoriel des changements climatiques passés s'imposait. Toutefois la méconnaissance de certains phénomènes, connus depuis, restait un obstacle majeur à leur compréhension ; qu'il s'agisse de l'ignorance qu'avait alors le monde scientifique de la tectonique des plaques (pouvant expliquer la présence de fossiles de plantes tropicales dans des zones septentrionales), ou de celle des variations de certains paramètres orbitaux de la Terre (corrélées aux cycles de glaciations quaternaires).

Mais aujourd'hui, les émissions annuelles de dioxyde de carbone, gaz catalyseur ou promoteur de réchauffement climatique, sont d'un niveau près de cent fois supérieur à celui existant lorsque Gaston de Saporta commença à publier.

Et alors que la question portait uniquement sur les anciens climats de la Terre, celle-ci s'est maintenant déplacée vers la prédiction des climats futurs, nécessitant une connaissance des climats passés, des causes de leur évolution, des rétroactions et des interactions entre les différentes variables climatiques, de nature à en permettre la modélisation.

La démarche scientifique

L'observation

« *Gaston de Saporta établit des listes de plantes pour chacune des périodes de l'ère tertiaire, mais comment peut-il attribuer des noms aux vestiges qu'il a observés ? N'ayant pratiquement que des espèces de feuilles, c'est l'étude extrêmement précise de la disposition des nervures qui sert de base à la détermination.* » (*Défricheurs d'inconnu*, André Bailly, 1992).

Devenu botaniste puis paléobotaniste par passion, Gaston de Saporta consacra sa vie à l'examen des plantes et des fossiles de végétaux. L'observation minutieuse, dans le cadre d'une approche raisonnée, guida sa démarche. Sa situation personnelle le libérant de tout souci matériel, il ne connut pas de problèmes de financement pour ses travaux de recherche, ni pour ses déplacements. Son esprit ouvert ne le poussant pas à la polémique sans objet, c'est sans contrainte qu'il put donner libre cours à ses investigations sur le passé de la flore terrestre.

Pour devenir correspondant de l'Académies des Sciences, il dut se conformer aux pratiques en vigueur qui imposaient de rencontrer les académiciens, préalablement à l'élection. Ce qui l'amena à confier à son ami, et collaborateur dans la rédaction de plusieurs publications, Antoine-Fortuné Marion (1846-1900) : « *C'est une campagne à entreprendre et Dieu sait si la nature m'a créé pour cela... Il y a une foule de ficelles à faire jouer, de personnes à tourner ou à mettre en mouvement... Il faut pour ainsi dire pointer les voix, je vais faire un drôle de métier...* ». En 1894, on lui proposera de devenir membre titulaire, mais sa santé ne lui permettra pas de poursuivre son activité.

Il reconnaissait, volontiers, bénéficier, d'une situation privilégiée, avouant à Albert Gaudry (1827-1908), les opportunités que lui offraient les parcs des domaines familiaux du Puy-Sainte-Réparade et

Ces arboretums étaient notamment composés d'arbres des continents asiatique et nord-américain tel le cyprès chauve, emblématique de la Louisiane, grand conifère pyramidal qui a la caractéristique de perdre ses feuilles.

de Saint-Zacharie : « *Quand j'ai besoin de déterminer une plante fossile, au lieu de me livrer à des études vagues avec les échantillons desséchés des herbiers, je n'ai souvent qu'à les comparer avec les plantes vivantes placées devant mes yeux.* »

Par ailleurs, sa collection de fossiles comporte de nombreux spécimens provenant des gisements cénozoïques (tertiaires et quaternaires) du sud-est de la France et contient l'essentiel des types et figurés des espèces qu'il a pu décrire.

On ne trouvera pas dans ses écrits de formulation mathématique, ni d'équation chimique. Ses travaux de recherches reposaient sur l'observation, et une expérience faite de recueil d'informations sur les plantes et leur évolution.

Son mode opératoire était celui de la démarche scientifique qui consiste à tester les hypothèses pour démontrer si elles sont fausses ou non, et à conserver uniquement celles qui sont cohérentes avec toutes les observations et les expériences.

Des erreurs passées et présentes

« *On recueillait des espèces pour les enregistrer et les décrire, mais sans leur attribuer un sens autre que celui qui résulte du fait même de leur existence. Parfois on a poussé l'esprit de système jusqu'à croire que les empreintes fossiles traduisaient exactement le passé et qu'une flore appauvrie ou des spécimens clair-semés étaient l'indice de l'indigence de la végétation contemporaine. Enfin on a également admis, sans preuves et comme de confiance, qu'une flore fossile locale nous faisait connaître l'association de plantes qui couvrait alors tout un pays et que ce pays ne possédait pas une foule d'autres espèces, à côté de celles dont on observait les vestiges. De cette manière de raisonner sont nécessairement sorties une quantité d'appréciations erronées, que les recherches et les découvertes futures redresseront peu à peu. Dans les détails que je vais donner je suivrai une marche et j'adopterai une méthode bien différentes. Je m'efforcerai avant tout de particulariser les découvertes et d'appliquer aux divers dépôts d'où proviennent les plantes fossiles le sens vrai qu'ils comportent, celui de représenter autant d'associations d'espèces végétales, localisées et restreintes, dont il s'agit avant tout de fixer la physionomie et de définir la portée, en évitant toutes les tendances exagérées.* » (*Les périodes végétales de l'époque tertiaire*).

En 1862, Gaston de Saporta commençait la publication de ses *Études sur la végétation du Sud-Est de la France à l'époque tertiaire*. Puis, il produisit chaque année de nouveaux travaux, de nouvelles découvertes, n'hésitant pas à signaler et à rectifier les quelques erreurs inévitables qu'il avait pu commettre dans un premier examen de matériaux encore incomplets.

Esprit rigoureux et indépendant, il n'hésitait pas, s'agissant de thèmes au cœur de son expertise, à fustiger les analyses erronées de ses contemporains, fussent-ils parmi les plus éminents, tel Elie de Beaumont (1798-1874), géologue de renommée internationale : « *Elie de Beaumont venu en Provence plus de dix années après Brongniart vit beaucoup moins bien les particularités de la région d'Aix, et surtout il eut le tort de couvrir de l'autorité de son nom des erreurs qu'il fallut ensuite déraciner à l'aide de pénibles efforts.* » (*Aperçu géologique du terroir d'Aix-en-Provence* »,1881).

Un esprit indépendant

Le fait qu'un discours fédère les plus grands noms ou le plus grand nombre, n'était pas de nature à déterminer l'opinion de Gaston de Saporta.

Lorsque, en 1868, Charles Darwin lui écrit « *Comme j'ai lu autrefois avec grand intérêt plusieurs travaux sur les plantes fossiles, vous pouvez vous figurer avec quelle haute satisfaction j'apprends que vous croyez à l'évolution graduelle des espèces* », ce dernier sait que Saporta est alors un des rares scientifiques français à saluer les apports de sa théorie évolutionniste.

Effectivement, quand en 1870 l'Académie des sciences procède à l'élection de son correspondant étranger dans la section anatomie et zoologie, Charles Darwin figure parmi les neuf candidats en lice. Il est déjà considéré comme un savant remarquable au-delà des frontières de l'Hexagone, son livre sur l'origine des espèces par la voie de la sélection naturelle ayant reçu un accueil enthousiaste en Angleterre, Allemagne, Italie, Suisse et aux Etats-Unis.

Darwin, présenté au titre de la section anatomie et zoologie, est battu par Johann Friedrich von Brandt (1802-1879), directeur du musée de Saint-Pétersbourg.

La publication en 1871 de son ouvrage sur la descendance de l'Homme le rendra encore plus impopulaire dans certains milieux académiques français.

Émile Blanchard (1819-1900), zoologiste de renom, considérait que « *Darwin manque d'esprit scientifique* », qu'il est certes « *un amateur intelligent, mais non un savant* ».

Quand, à diverses reprises, un autre poste de correspondant étranger se libère (toujours dans la section anatomie et zoologie) de nouvelles listes de noms se mettent en place, mais toujours sans succès pour Darwin. Il sera finalement élu en 1878 dans la section botanique.

Il fallut donc faire preuve de beaucoup d'intégrité intellectuelle pour ne pas, sous l'influence de tant d'éminents spécialistes, s'opposer à la théorie évolutionniste sur les origines de l'Homme. D'autant que la thèse qui y est soutenue, caricaturée par l'expression « *l'Homme descend du singe* », pouvait être de nature à choquer les croyances profondes de Gaston de Saporta.

En effet, parfois le nombre et le renom prétendent se substituer à la démonstration.

Einstein lui-même l'éprouva lorsque, en 1931, paru le livre *Hundert Autoren gegen Einstein* (*Cent auteurs contre Einstein*), critiquant les théories de la relativité. Apprenant cela, ce dernier aurait dit « *Pourquoi cent, si je m'étais trompé un seul aurait suffi* ».

Un scientifique qui n'a pas réponse à tout

« *Quant aux causes premières et déterminantes, auxquelles l'abaissement graduel de la température terrestre et l'inégalité croissante des climats, dans le sens des latitudes, doivent être raisonnablement attribués, le plus sûr, en admettant le fait comme démontré, c'est encore d'avouer notre ignorance.* » (*Les Anciens climats de l'Europe et le développement de la végétation*, Gaston de Saporta).

L'humilité est souvent considérée comme la première des vertus. S'agissant de la démarche scientifique elle peut se définir comme une forme de lucidité. Ces propos nous enseignent que Gaston de Saporta ne manquait ni de vertu ni de lucidité.

Dans *Les temps quaternaires*, il fit aussi montre de prudence vis-à-vis des hypothèses insuffisamment étayées et prématurément transformées en théories.

« *La constatation puis l'étude des faits sont, il est vrai, la base unique des sciences d'observation, qu'il s'agisse de géologie, de biologie, de sociologie ou de linguistique, le procédé est toujours le même ; mais une fois les faits établis, dès qu'il s'agit de "généraliser", c'est-à-dire de découvrir la raison d'être de ces faits, l'esprit humain, constamment en éveil, a souvent recours à une sorte d'intuition interprétative.*

Il se trouble alors et s'égare facilement ; trop aisément il se laisse gouverner par des opinions préconçues. Devant le désir de faire prévaloir ce que l'on croit vrai, les objections s'amoindrissent, les obscurités se dérobent, les préjugés interviennent, parfois aussi les formules dont les mathématiciens font usage prêtent mal à propos leur rigueur apparente à des calculs auxquels des prémisses imprudemment admises enlèvent d'avance presque toute valeur. C'est ainsi que des hommes éminents ont été entraînés trop fréquemment à consacrer de grosses erreurs que les contemporains acceptent de confiance, en s'autorisant du nom de ceux qui les ont patronnées. La liste serait longue de ces théories accueillies au début avec faveur, que la génération suivante repousse en luttant d'abord pour les attaquer, en s'étonnant ensuite qu'elles aient pu régner si longtemps et trouver des partisans convaincus, alors que, vues de près, elles ne soutiennent, guère l'examen.

C'est à cette sorte de travail de Sisyphe que la science elle-même, il faut le dire, semble vouée pour longtemps, pour toujours peut-être. »

Condamné, par les dieux du panthéon grec, à faire rouler éternellement jusqu'en haut d'une colline un rocher qui en redescendait chaque fois avant de parvenir au sommet, Sisyphe aurait été soumis à une tâche sans fin, telle une quête scientifique.

Faire parler les disparus est un exercice hasardeux, mais il est fort probable que Gaston de Saporta se réjouirait des avancées scientifiques réalisées, depuis son époque, dans la compréhension des anciens climats.

Il penserait sans doute que, n'étant pas arrivé dans ce domaine au sommet de la connaissance, il convient encore de gravir de nouvelles pentes et, comme Albert Camus, imaginerait Sisyphe heureux.

Annexe

Historique de la Maison de Saporta
(extraits)

En 1927, fut publié l'*Historique de la Maison de Saporta* œuvre d'un fils de Gaston de Saporta, dont nous présentons, ci-après, la préface et l'esquisse qui y est faite des travaux scientifiques et littéraires de l'éminent paléobotaniste.

Note préface

« La Maison de Saporta est originaire de l'Espagne, plus particulièrement de l'Aragon et de Saragosse. Elle est noble aussi haut qu'on peut remonter par documents authentiques, jusqu'aux confins du XIVe siècle. La première mention qui en est faite date de 1268, à propos d'un navire commandé par Bernard Saporta et appartenant à la flotte du roi d'Aragon.

Quand plus tard au début du XVe siècle, nous établissons la généalogie suivie et non interrompue de la Maison de Saporta par Louis 1er venu en France après avoir professé à Lerida, par don Guillaume Raymond, avocat consistorial à Rome, protégé du pape Alexandre VI (Borgia) et par don Gabriel, son petit-fils, premier consul de Saragosse, nous vivons encore au sein de l'Aragon et dans sa capitale.

Si la branche demeurée en Espagne s'y est éteinte relativement assez vite, mais laissant le souvenir d'un grand faste, d'illustres alliances et de fondations retentissantes, celle que devait créer dans le Royaume de France Louis 1er, après son départ de Lérida, a duré jusqu'à nos jours, où elle reste seule survivante à de multiples rameaux.

En effet, plusieurs enfants de Louis II — en dehors d'Antoine, son fils dont nous descendons — Jean, Edouard, peut-être aussi Louis essaimèrent à Toulouse, à Montpellier, à Nîmes créant des représentants du nom et des armes, dont l'un alla se fixer jusqu'à Dole, dans la Franche-Comté.

Antoine de Saporta, sus-nommé, épousa dame Isabella. Il en eut un fils Jean, dont la carrière a été célèbre et mouvementée. Il se maria ensuite en deuxièmes noces avec Marguerite de Juers qui lui donna Pierre, Suzanne, Jeanne, dont nous aurons à nous occuper.

Jean se maria ainsi deux fois : en premières noces avec dame de Single, dont les enfants n'ont pas établi de branches proprement distinctes ; en deuxième noces avec Madeline d'Amalric, dont sont issus Jean et Etienne. Le premier Jean, constitua la branche dite des Saporta-Veissière, éteint au cours du XVIIIe siècle, et important pour les fonctions qu'elle remplit de l'intendance des gabelles. Elle finit dans la personne d'une fille unique, mariée au Comte de Veissière.

Nous signalerons aussi Etienne, dont la descendance continuée en ligne directe arrive jusqu'à nous, sans avoir donné lieu, pendant plus de deux siècles, à aucune branche collatérale, à l'exception de celle de Bavière, de peu de durée et maintenant éteinte.

Cet Etienne, le second, notre ancêtre, épousa Françoise de Gévaudan, fille du Président de ce nom, et le sieur de Saporta achetait la charge de Président du siège et Présidial de Montpellier, en l'an 1628.

Etienne devait avoir des démêlés avec le Cardinal de Richelieu lors du procès du Duc de Montmorency. Il devait encourir la disgrâce du Ministre et résilier ses fonctions, mais en compensation voir son fils François-Abel placé dans les Mousquetaires, suivre la Cour et se spécialiser dans le métier des armes que les Saporta ne devaient plus quitter.

Nous les suivrons à partir de François-Abel, revenus et fixés en Provence par le mariage de celui-ci. Nous les verrons dans cette province, leur premier pays d'adoption après l'Espagne, y tenir dans les armes et dans les conseils un rôle de plus en plus considérable, jusqu'à la crise révolutionnaire de 1789.

Nous les verrons enfin au XIXe siècle, après avoir refait leur fortune, payer de leur personne dans les carrières et dans les sciences, pour aborder le XXe siècle avec les grands espoirs et les grandes craintes que l'avenir actuel présente à tous les membres de notre génération. »

Esquisse des travaux scientifiques et littéraires du Marquis de Saporta de l'Institut de France

« Sur mon père, en dehors des innombrables articles de nécrologie, dans tous les pays — car sa notoriété était mondiale — on peut se référer tout spécialement à deux plaquettes :

1 – A l'article inséré dans la *Revue des Deux Mondes*, n°15 du 15 janvier 1896, sous le titre « Un naturaliste français : le Marquis de Saporta », par Albert Gaudry, membre de l'Académie des Sciences.

Cet article est aussi complet que remarquable. M. Gaudry était un maître de la science et un intime ami de mon père.

2 – A l'étude spéciale à lui consacrée par M. Zeiller dans l'ouvrage de *La Science française au XIXe siècle*, ouvrage édité par le gouvernement de la République à l'occasion d'un congrès à Chicago.

M. Zeiller m'en avait donné un tirage à part. Plus jeune que mon père, il était son successeur dans la science de la botanique fossile et très lié avec lui.

Il a rédigé cet opuscule peu de temps avant sa propre fin.

Ancien polytechnicien, membre de l'Institut, M. Zeiller était un savant de premier ordre.

Ces deux études, chacune dans son espèce, énumèrent et résument à la perfection les travaux scientifiques de mon père, établissent leur valeur et leur étendue. Je ne veux ici que donner une esquisse familière dans ces lignes où je retrace la vie du marquis de Saporta mon père, dans ses différentes étapes.

Mon père avait fait des études très complètes quoi qu'il ne fût même pas bachelier. Il était un latiniste remarquable. Il avait sous la direction de son grand-père Hyppolite de Fonscolombe, repassé tous les grands écrivains latins dans leur langue. Il avait subi l'influence du romantisme et fait des vers qu'il avait montré à M. de Lamartine. Il avait l'amour du travail et la passion de la lecture. Aussi, pour s'occuper il avait collectionné des médailles, que dans sa jeunesse, on avait facilement par certains antiquaires et qu'on retrouvait dans nos campagnes. Il avait ainsi constitué un médaillier d'une sérieuse valeur ; mais sa générosité était sans limites. Il a donné au musée de Marseille un lot de monnaies gauloises ou celtiques découvert et acheté par lui à Vaison, je crois. Il a fait cadeau de la plupart des monnaies d'or. Mon médaillier demeure bien modeste à Fonscolombe.

Je me souviens encore de ses achats de médailles ; mais une fois, par hasard, le concierge du Musée qui lui en fournissait lui apporta, prises dans les plâtrières d'Aix, des empreintes fossiles, poissons et plantes.

Ce fut une inspiration. Il se jeta alors vers une étude aussi nouvelle que peu recherchée. Il se mit en relation, par d'anciens souvenirs de famille, avec M. Brongniart, successeur de Cuvier au Museum, le seul savant qui eut ébauché la botanique fossile.

Il fut encouragé et, par un travail acharné, il créait au bout de dix ans, une science pour ainsi dire nouvelle : la Paléobotanique.

Il a réellement inventé le moyen de spécifier les empreintes fossiles par l'étude de leur système de nervuration.

Je laisse là à la critique scientifique, aux définitions et énumérations insérées dans les deux opuscules cités au début de mon travail, le soin de déterminer sa place dans le monde de la science pure.

Toujours est-il qu'au bout de dix ans de labeur assidu mon père était connu du Museum, de la Société Géologique et de tous les spécialistes de la paléontologie ; après vingt ans célèbre dans le monde entier.

La *Revue des Deux Mondes* eut en lui un collaborateur fidèle et je dois dire que, dès le principe, Buloz le père sut le juger et l'apprécier à sa juste valeur.

Décoré par Jules Simon, il entrait en 1894 comme membre correspondant à l'Institut et il en aurait été membre ordinaire s'il avait habité Paris.

Londres l'avait déjà appelé à lui.

Il aimait l'histoire, la politique, toutes les récréations de l'esprit ; il compose sur la famille de Madame de Sévigné un livre très attachant ;

il se plaisait dans les travaux de l'Académie d'Aix et sa conversation était étincelante.

Lorsqu'il disparut, ce fut un concert de regrets et de louanges venus de tous les points de l'Univers.

Il a pu connaître ses petits-enfants et ce fut certainement une de ses plus vives satisfactions que d'avoir pu discerner leur future intelligence, et d'avoir vu l'aîné passé très jeune ses premiers examens.

Mon père avait souvent causé avec moi de ses recherches sur la famille et de son désir de lui consacrer une plaquette choisie.

Les notes laissées par lui m'aident puissamment à réaliser ce désir. »

REFERENCES BIBLIOGRAPHIQUES

BAILLY André, « Gaston de Saporta,1823-1895 ». Comité Français d'Histoire de la Géologie – COFRHIGEO, 1993

BAILLY André, *Défricheurs d'inconnu*, 1992

CONRY Yvette, *Correspondance entre Charles Darwin et Gaston de Saporta*, 1972

ENS Lyon – Institut Français de l'Education - Géosciences

GAUDRY Albert, « Un naturaliste français – Le marquis de Saporta », *Revue des Deux Mondes*, 1896

GIEC, « Climate Change 2007. The Physical Science Basis », chapitre 6 du quatrième rapport

GIEC, *Changements climatiques* 2014, Rapport de synthèse », 2014

Jean JOUZEL, Claude LORIUS, *Climats du passé – Les glaces polaires, une mine d'informations pour étudier l'histoire du climat*, MetMar, 1994

(de) SAPORTA Gaston et MARION Antoine-Fortuné , *L'évolution du règne végétal*, 1881/1885

(de) SAPORTA Gaston, « Sur La Flore Fossile Des Régions Arctiques », 1868

(de) SAPORTA Gaston, « L'école transformiste et ses derniers travaux », *Revue des Deux Mondes*, 1869

(de) SAPORTA Gaston, *La naissance de la vie sur le Globe*; 1871

(de) SAPORTA Gaston, « Les anciens climats de l'Europe et le développement de la végétation », conférence donnée au Congrès de l'Association française pour l'avancement des sciences, tenue au Havre, 1877

(de) SAPORTA Gaston, « Les périodes végétales de l'époque tertiaire », *La Nature, Revue des Sciences,*1877

(de) SAPORTA Gaston, « Le monde des plantes avant l'apparition de l'homme », 1879

(de) SAPORTA Gaston, *Les Temps quaternaires*, 1881

(de) SAPORTA Gaston, « La formation de la Houille », *Revue des Deux Mondes,* 1881

(de) SAPORTA Gaston, *Aperçu géologique du terroir d'Aix-en-Provence*, 1881

(de) SAPORTA Gaston, *Végétation du niveau aquitanien de Manosque*, 1892 (de) SAPORTA Gaston, « Sur les rapports de l'ancienne flore avec celle de la région provençale actuelle » , *Bulletin de la Société botanique de France*, 1893

ZEILLER René, « Notice nécrologique ». *Revue Générale des Sciences pures et appliquées* N°7, 1895

REMERCIEMENTS

Dans le cadre de la réalisation de cet ouvrage nous tenons à remercier :

Monsieur Etienne de Saporta, arrière-petit-fils de Gaston de Saporta,

le Museu Geologico de Lisbonne,

le Musée bibliographique Paul Arbaud.

Table des matières

Structures éditoriales du groupe L'Harmattan

L'Harmattan Italie
Via degli Artisti, 15
10124 Torino
harmattan.italia@gmail.com

L'Harmattan Hongrie
Kossuth l. u. 14-16.
1053 Budapest
harmattan@harmattan.hu

L'Harmattan Sénégal
10 VDN en face Mermoz
BP 45034 Dakar-Fann
senharmattan@gmail.com

L'Harmattan Cameroun
TSINGA/FECAFOOT
BP 11486 Yaoundé
inkoukam@gmail.com

L'Harmattan Burkina Faso
Achille Somé – tengnule@hotmail.fr

L'Harmattan Guinée
Almamya, rue KA 028 OKB Agency
BP 3470 Conakry
harmattanguinee@yahoo.fr

L'Harmattan RDC
185, avenue Nyangwe
Commune de Lingwala – Kinshasa
matangilamusadila@yahoo.fr

L'Harmattan Congo
219, avenue Nelson Mandela
BP 2874 Brazzaville
harmattan.congo@yahoo.fr

L'Harmattan Mali
ACI 2000 - Immeuble Mgr Jean Marie Cisse
Bureau 10
BP 145 Bamako-Mali
mali@harmattan.fr

L'Harmattan Togo
Djidjole – Lomé
Maison Amela
face EPP BATOME
ddamela@aol.com

L'Harmattan Côte d'Ivoire
Résidence Karl – Cité des Arts
Abidjan-Cocody
03 BP 1588 Abidjan
espace_harmattan.ci@hotmail.fr

Nos librairies en France

Librairie internationale
16, rue des Écoles
75005 Paris
librairie.internationale@harmattan.fr
01 40 46 79 11
www.librairieharmattan.com

Librairie des savoirs
21, rue des Écoles
75005 Paris
librairie.sh@harmattan.fr
01 46 34 13 71
www.librairieharmattansh.com

Librairie Le Lucernaire
53, rue Notre-Dame-des-Champs
75006 Paris
librairie@lucernaire.fr
01 42 22 67 13